ショベルローダー等 運転士 テキスト

―― 技能講習・特別教育用テキスト ――

中央労働災害防止協会

序

　近年，物流システムの合理化，運輸・倉庫部門の近代化，荷役運搬作業の省力化などの進展に伴い，ショベルローダーやフォークローダーの普及には誠にめざましいものがあります。

　また，これらショベルローダー等は，使用場所の拡大や取り扱う荷の多様化に対応した各種のアタッチメントの開発や車両の大型化とともに，制御の電子化も進んでいます。

　このようなショベルローダーやフォークローダーの広範な普及は，重量物などの運搬作業を効率化し，人力による運搬に伴う労働災害を減少させることに役立っていますが，その一方で，ショベルローダー等の構造上の特性に基づく危険性や誤った運転操作等による労働災害が発生しています。

　すなわち，最大荷重を超える荷の積載や急旋回等による車体の転倒，構造上の視野の限界等による歩行者等との接触，不完全な荷の積み方や未熟な運転操作等に起因する積み荷の落下等による災害が依然として発生しています。

　労働安全衛生法においては，ショベルローダー等による災害を防止するために，ショベルローダー等について構造規格が定められ，さらに，最大荷重が１トン以上のショベルローダー，フォークローダーの運転の業務にはショベルローダー等運転技能講習を修了した者でなければ業務に就かせてはならないことと規定しており，また，１トン未満のものの運転の業務に就こうとする者に対しては，特別教育を受けさせることと規定しています。

　本書は，教習機関の行うショベルローダー等運転技能講習，また，特別教育のためのテキストとして編さんされ，これまで多数の方々に使用されてきました。

　今後とも，本書が技能講習や特別教育のテキストとしてのみならず，ショベルローダー，フォークローダーの安全作業を学ぶための参考書として関係者に広く活用され，ショベルローダー等を用いた荷役運搬作業の安全の徹底とショベルローダー等に関係する労働災害防止にお役に立てれば幸いです。

　平成30年１月

中央労働災害防止協会

『ショベルローダー等運転士テキスト』
改訂編集委員

朝岡　伸一　　㈱豊田自動織機　トヨタL＆Fカンパニー　サービス部
　　　　　　　国内サービス室　国内技術グループ

岡部　明夫　　(公社)建設荷役車両安全技術協会　技術部長

黒谷　一郎　　陸上貨物運送事業労働災害防止協会　技術管理部長

○　高瀬健一郎　　(一社)日本産業車両協会　専務理事

野沢　昭二　　三菱ロジスネクスト㈱
　　　　　　　海外営業本部　海外カスタマーサービス部　サービス課　主席

堀野　弘志　　陸上貨物運送事業労働災害防止協会　安全管理士

（○印は委員長，敬称略，50音順）

学科講習科目について

　ショベルローダー等の運転業務には決められた講習を修了した者でなければ就いてはならないことが定められている（第5編関係法令第6章「ショベルローダー等運転技能講習規程」、第7章「安全衛生特別教育規程」参照）。学科講習科目は以下のとおり。

ショベルローダー等運転技能講習科目（学科講習）

講習科目	範囲	講習時間
走行に関する装置の構造及び取扱いの方法に関する知識	ショベルローダー等（労働安全衛生法施行令（昭和47年政令第318号。以下この条において「令」という。）第20条第13号のショベルローダー又はフォークローダーをいう。）の原動機，動力伝達装置，走行装置，操縦装置，制動装置，電気装置，警報装置及び走行に関する附属装置の構造及び取扱い方法	4時間
荷役に関する装置の構造及び取扱いの方法に関する知識	ショベルローダー等の荷役装置，油圧装置，ヘッドガード及び荷役に関する附属装置の構造及び取扱い方法	4時間
運転に必要な力学に関する知識	力（合成，分解，つり合い及びモーメント）　重量　重心及び物の安定　速度及び加速度　荷重　応力　材料の強さ	2時間
関係法令	労働安全衛生法，令及び労働安全衛生規則中の関係条項	1時間

安全衛生特別教育規程
（ショベルローダー等の運転の業務に係る特別教育（学科講習））

科目	範囲	時間
ショベルローダー等の走行に関する装置の構造及び取扱いの方法に関する知識	ショベルローダー等（安衛則第36条第5号の2の機械をいう。以下同じ。）の原動機、動力伝達装置，走行装置，操縦装置，制動装置，電気装置，警報装置及び走行に関する附属装置の構造及び取扱い方法	2時間
ショベルローダー等の荷役に関する装置の構造及び取扱いの方法に関する知識	ショベルローダー等の荷役装置，油圧装置，ヘッドガード及び荷役に関する附属装置の構造及び取扱い方法	2時間
ショベルローダー等の運転に必要な力学に関する知識	力（合成，分解，つり合い及びモーメント）　重量　重心及び物の安定　速度及び加速度　荷重　応力　材料の強さ	1時間
関係法令	法，令及び安衛則中の関係条項	1時間

目　次

第1編　総　則

第1章　ショベルローダー等の概要……………………………………13
第1節　ショベルローダー等の定義および特徴 ……………………13
第2節　ショベルローダーの種類 ……………………………………15
第3節　主要諸元および寸法 …………………………………………16

第2章　ショベルローダー等の機能……………………………………25
第1節　ショベルローダー等の安定度 ………………………………25
第2節　走行速度 ………………………………………………………27
第3節　停止距離 ………………………………………………………27
第4節　昇降速度 ………………………………………………………28
第5節　その他 …………………………………………………………28

第2編　ショベルローダー等の走行に関する装置の構造および取扱いの方法に関する知識

第1章　構　造……………………………………………………………31
第1節　原動機 …………………………………………………………31
第2節　動力伝達装置 …………………………………………………42
第3節　走行装置 ………………………………………………………50
第4節　操縦装置 ………………………………………………………52
第5節　制動装置 ………………………………………………………56
第6節　付属装置 ………………………………………………………59

第2章　取扱いの方法 ……………………………………………………61

第1節　基本的な事項 …………………………………………………61

第2節　作業開始前の心得 ……………………………………………62

第3節　定期自主検査 …………………………………………………63

第4節　始動の操作および心得 ………………………………………64

第5節　発進，運転の操作および心得 ………………………………66

第6節　一時停車・駐車の操作および運転終了時の心得 …………70

第3編　ショベルローダー等の荷役に関する 装置の構造および取扱いの方法に関する知識

第1章　構　　造 ……………………………………………………79

第1節　荷役装置 ………………………………………………………79

第2節　油圧装置 ………………………………………………………82

第3節　ヘッドガード …………………………………………………88

第4節　フォークローダー ……………………………………………89

第5節　パレット ………………………………………………………91

第2章　取扱いの方法 ………………………………………………98

第1節　荷重と車両の安定 ……………………………………………98

第2節　作業方法 ………………………………………………………100

第4編　ショベルローダー等の運転に必要な力学に関する知識

第1章　力 ……………………………………………………………111

第1節　力 ………………………………………………………………111

第2節　力のモーメント ………………………………………………115

第3節　力のつり合い …………………………………………………117

vii

第2章　質量・重さおよび重心 ……………………………………121

第1節　質量・重量 …………………………………………121

第2節　重　心 ………………………………………………124

第3節　物の安定（すわり）………………………………125

第3章　物体の運動 …………………………………………………130

第1節　速　度 ………………………………………………130

第2節　加速度 ………………………………………………131

第3節　慣　性 ………………………………………………131

第4節　遠心力 ………………………………………………132

第5節　摩　擦 ………………………………………………133

第4章　荷重，応力および材料の強さ ……………………………135

第1節　荷　重 ………………………………………………135

第2節　応　力 ………………………………………………138

第3節　材料の強さ …………………………………………138

第5編　関係法令

第1章　関係法令を学ぶ前に ………………………………………145

第2章　労働安全衛生法のあらまし ………………………………148

第3章　労働安全衛生法(抄) ………………………………………154

第4章　労働安全衛生法施行令(抄) ………………………………164

第5章　労働安全衛生規則(抄) ……………………………………167

第6章　シヨベルローダー等運転技能講習規程 …………………188

第7章　安全衛生特別教育規程(抄) ………………………………196

第8章　シヨベルローダー等構造規格 ……………………………197

第9章　シヨベルローダー等の定期自主検査指針 ………………203

第6編　災害事例

災害事例（事故の型別）一覧 ··217

事例1　路肩から転落 ··218

事例2　振動でフォークローダー上から転落 ···························220

事例3　積み荷の状態を確認中,
　　　　　後進してきたフォークローダーにひかれる ···············222

事例4　始業点検中のショベルローダーにひかれる ···············224

事例5　ショベルローダーが逸走し、ひかれる ·····················225

事例6　フォークローダーで投げ出された原木に激突される ··········227

事例7　丸鋼積込み作業中,　運転席とアームの間にはさまれる ···········229

事例8　機体と建込み済みの矢板との間にはさまれる ···········231

事例9　ショベルローダーのアームで頭部をはさまれる ··········233

事例10　ショベルで吊り上げていた
　　　　　コンクリートブロックが落下し被災する ···················235

第1編
総則

この編で学ぶこと
　この編では、ショベルローダー等を適切に選択・使用するために、ショベルローダー等の定義や特徴、主要諸元とその寸法を学ぶ。
　また、ショベルローダー等の安定度、走行速度、停止距離、昇降速度などの主な機能について知る。

第1章 ショベルローダー等の概要

第1節 ショベルローダー等の定義および特徴

　ショベルローダーとは，原則として車体前方に備えたショベル（バケット）をリフトアームにより上下させてバラ物荷役を行う2輪駆動の車両をいう（**図1-1**，**図1-2**）。

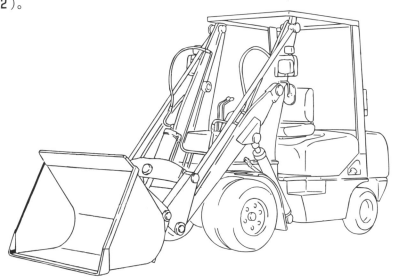

図1-1　ショベルローダー（リーチ機構なし）

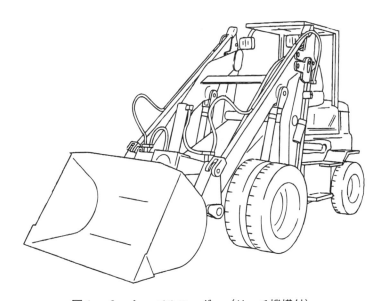

図1-2　ショベルローダー（リーチ機構付）

第1編 総 則

　　フォークローダーとは，原則として車体前方に備えたフォークをリフトアームにより上下させて材木等の荷役を行う2輪駆動の車両をいう（図1－3）。

　なお，ショベルローダーまたはフォークローダーには，アタッチメントであるショベルまたはフォークを交換し，ショベルローダーまたはフォークローダーになるものがある。

　また，トラクター・ショベル（履帯式のものまたはタイヤ式で全4輪駆動のもの）は，車両系建設機械（労働安全衛生法施行令別表第7に掲げる建設機械で，動力を用い，かつ，不特定の場所に自走できるもの）とされているが，4輪駆動であっても互換性のないフォークを備えたものはフォークローダーとしての適用を受ける。

　ショベルローダーとトラクター・ショベルとでは，安定度の基準が違うため，異なる分類の車両から乗り換えて運転操作をする場合には，特に安定度や車両性能に十分な注意が必要である。

　ショベルローダー等の特徴は次のとおりである。
① 　カウンターバランスフォークリフトと同様に前輪駆動，後輪操向方式である。
② 　車体が小型化されているので小回りが効く。
③ 　駆動輪が2輪のため，耐スリップ性は劣る。
④ 　アームやバケット等の荷役装置が前方に装着されているので前方視界が悪い。

図1－3　フォークローダー

⑤　積荷の上昇は垂直でなく円弧上に移動するため，積荷の上昇高さにより，車両の安定度が変わる。

⑥　公道では，荷役作業や運搬作業はできない。

第2節　ショベルローダーの種類

(1)　動力源の種類により

ガソリンエンジン，ディーゼルエンジンなどを動力源としているものがある。

(2)　最大荷重の種類により

0.5，0.7，1，1.5，2，2.5，3 t などがある。

(3)　リーチ機構の有無により

リーチ機構なし（**図1−1**），リーチ機構付（**図1−2**）がある。

第3節　主要諸元および寸法

主要諸元とその意味などを JIS[注] を中心に述べる。

1．最大荷重

バケットの規定重心位置に積載して安全に作業ができる最大の荷重。ただし，リーチ機構をもつものではバケット繰り込み時の値をいう。

ここに「バケットの規定重心位置」とは，バケット容量を算出するときに積載する一定の形状の荷重の重心位置（以下，バケットの規定重心位置の意味は同様とする。）をいう。

2．バケット

バケットは，砂利，土などをすくい込むための装置であり，堅ろうでしかも軽量であることが要求される。

バケットは，バケット本体，ボトムカッティングエッジ，サイドカッティングエッジ，ツース，スピルガードおよび後部の取付け部分で構成されている（**図1－4**）。

バケット本体にすくい込んだ対象物が容易に満杯になるような曲面を後部にもった入れ物であり，カッティングエッジは，対象物をすくい込みやすくするための部分である。

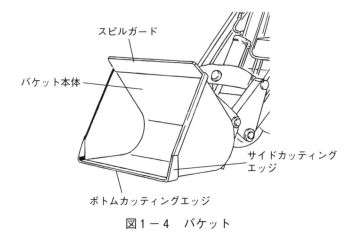

図1－4　バケット

（注）　JIS：日本工業規格のことで，D6003で最大荷重3t以下のショベルローダが規定されている。

(1) バケット容量

バケットにすくい込みできるこう配1：2の山積容量

バケット容量は，原則として**表1－1**のとおりとする。

表1－1　バケット容量

バケット容量 Vr（㎥）	0.3　0.4　0.5　0.6　0.7　0.8　0.9　1.0　1.2　1.5

(2) バケット容量計算式

バケット容量はバケットの幾何学的形状から，次の計算式を用いて算出する。

$$Vr = Vs + \frac{b^2 w}{8} - \frac{b^2}{6}(a+c) \cdots\cdots (1)$$

ここに Vr：バケット容量（山積）（㎥）

Vs：バケット容量（平積）
$= Aw - \frac{2}{3}a^2 b$ （㎥）……(2)

A：バケット中央における横断面積（㎡）

w：バケット内側幅（m）

a：バケット中央における平積線に垂直なスピルガード高さ（m）

b：バケット中央における開口寸法（m）

c：平積線に垂直な図示の寸法（m）

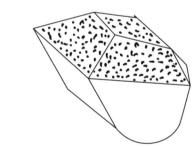

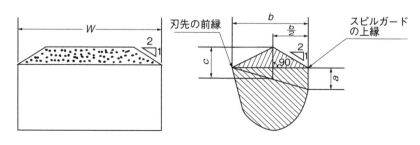

図1－5　Ⅰ形バケット

ただし
① バケットの山積のこう配は1：2とする。
② 容量は，立方メートル（m³）で表し，その数値は，小数点以下第1位までとする。
③ この計算式は，バケット本体に垂直で互いに平行した側面をもち，バケット刃先の前縁がスピルガードに平行な場合に限り適用できるもので，不規則な形状のバケットには適用してはならない。また，つめ付刃先のつめは，バケット容量に影響しないものとする。
④ 山形刃先付のバケットにおいては，図1－6に示すように刃先の三角形の高さdの3分の1の点を通り，三角形の底辺に平行な直線を刃先の前縁とみなして，前記の方法を適用するものとする。

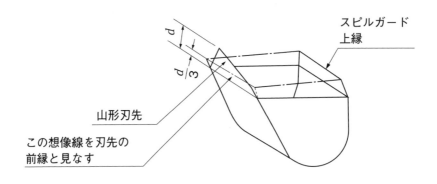

図1－6 Ⅱ形バケット

(3) バケットの種類

バケットは，取扱い物の粒度，すくい込みの難易などによって，Ⅰ形～Ⅳ形のバケットの選択が必要となる（表1－2）。

第1章　ショベルローダー等の概要

表1－2　バケットの種類および特徴

バ ケ ッ ト の 種 類	構 造 特 徴
Ⅰ 形 標準バケット	最も一般的な形状のもので，ストレートエッジでつめなし。粒度の小さい扱い物に適しているところから砂，砂利，土などのすくい込みに適用。 （比重の小さい扱い物（チップ）などには同形状で容量を大きくすることもある。（特殊品））
Ⅱ 形	Ⅰ形バケットと同じで粒度の小さい扱い物に適用されるが，よりすくい込み性能を良くするため，エッジを山形としている。
Ⅲ 形	Ⅰ形のストレートエッジにつめを付けたバケットで，粒度の大きい扱い物に適しているところから砕石などのすくい込みに適用。
Ⅳ 形	Ⅱ形の山形エッジにつめを付けたバケットで，粒度の大きい扱い物のすくい込み性能をより良くしたいときに適用。

3．バケット後傾角，バケット前傾角（ダンプ角）

⑴　バケット後傾角

　バケット底面を地上水平位置から最後傾したときのバケットの底面と水平面とのなす角。

⑵　バケット前傾角（ダンプ角）

　バケットを最高に上げ，最前傾したときのバケットの底面と水平面とのなす角。

　バケット傾斜角は**表1－3**のとおりとする。

表1－3　バケット傾斜角

バケット傾斜角（度）	前 傾 角 α	後 傾 角 β
	45 以 上	50 以 上

19

第1編　総則

4．バケットヒンジピン高さ，ダンピングクリアランス，ダンピングリーチ，最大リーチ，リーチ量

(1)　バケットヒンジピン高さ

バケットを最高に上げた場合のヒンジピン中心の地上高。

(2)　ダンピングクリアランス（45°前傾および最大前傾）

バケットを最高に上げ，45°前傾および最前傾したときのバケット先端の地上高。

(3)　ダンピングリーチ（45°前傾および最大前傾）

バケットを最高に上げ，45°前傾および最前傾したときのバケット先端の車体最前部（タイヤを含む。以下同じ。）からの水平距離。

(4)　最大リーチ

バケットを水平にしたときのバケット先端の車体最前部からの水平距離の最大値。

(5)　リーチ量

バケットを地上水平位置から車体を動かすことなく繰り出すことができる水平距離の最大値。

5．全長，全高，車体幅，バケット幅

(1)　全　　　長

バケットの底面を地上水平位置にした状態において，バケット先端から車体後端までの長さの最小値。ただし、リーチ機構をもつものではバケットを繰り込んだ状態。

(2)　全　　　高

無負荷状態において地面から車両の最上端までの高さ。

(3)　車　体　幅

バケットを除いた車体の最大幅。

(4)　バケット幅

バケットの外側最大幅。

6．表示（銘板）

　ショベルローダー等構造規格により，運転者の見やすい位置に次の事項が表示されている。

　運転にあたっては，銘板に記載されている荷重に対して，運転資格や扱い物の荷重が適切かどうか確認することが大切である。

① 　製造者名

② 　製造年月日又は製造番号

③ 　最大荷重及びリーチ機構をもつショベルローダー等にあっては、リーチを最大に伸ばしたときに、ショベルローダーの規定重心位置またはフォークローダーの基準荷重中心に負荷させることができる最大の荷重

④ 　ショベルローダーにあっては，ショベル容量

⑤ 　フォークローダーにあっては，許容荷重（リーチ機構をもつフォークローダーにあっては、リーチを完全に戻したとき及び最大に伸ばしたときの許容荷重）

　なお，最近の銘板には，これ以外に⑥最大ダンプ高，⑦車両重量等が表示されており，リーチ装置を持つショベルローダー等にあっては，⑧最大リーチ時荷重が表示されている。

⑴　最大荷重

　ショベルローダーの規定重心位置（バケット容量を算出するときに積載する一定の形状の荷重の重心位置）またはフォークローダーの基準荷重中心（荷重中心のうちJISに示された数値）に積載させることができる最大の荷重をいう。

⑵　最大リーチ時荷重

　リーチ機構をもつショベルローダー等は，リーチを最大に伸ばしたときに積載されることができる最大の荷重をいう。

⑶　ショベル容量（バケット容量）

　バケットにすくい込みできるこう配１：２の山積容量をいう。

⑷　許容荷重

　ある荷重中心（フォークに積載した荷重の重心位置とフォークの垂直前面との距離）に積載できる規定の荷重をいう。

　リーチ装置を持つフォークローダーにあっては、リーチを完全に戻したときおよ

第 1 編　総　則

び最大に伸ばしたときに積載できる規定の荷重をいう。

⑸　最大ダンプ高（ダンピングクリアランス）

　ダンピングクリアランスのこと。4.⑵を参照。

⑹　製造番号

　メーカーの機種ごとに一連の符号と番号が記入されている。

　例．SG10－00001

　・1字目は，ショベルローダーを表す。

　・2字目は，動力を表す（G：ガソリン，D：ディーゼル）。

　・3字目は，最大荷重を表す（10：1トン，15：1.5トン，20：2トン）。

　・－00001は，製造番号を表す。

第1章 ショベルローダー等の概要

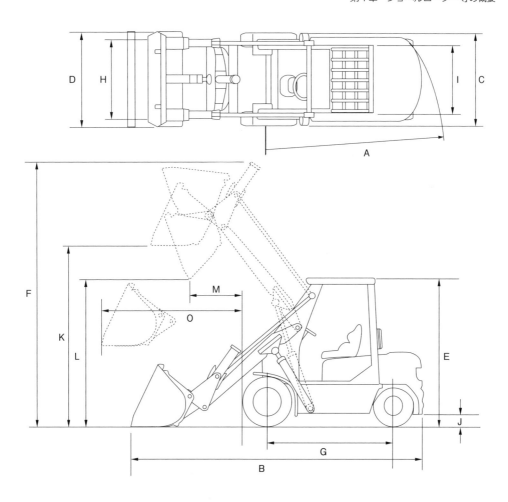

J	最低地上高
K	最大揚高
L	ダンピングクリアランス （45°　前傾）
M	ダンピングリーチ （45°　前傾）
N	リーチ量
O	最大リーチ

図1－7　主要諸元および寸法（リーチ機構なし）

第1編 総則

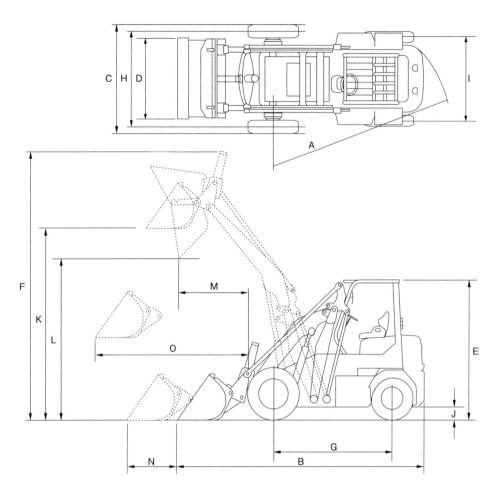

A	最小旋回半径（最外側）
B	全　長
C	車体幅
D	バケット幅
E	全　高（バケット地上）
F	全　高（バケット最高位置）
G	ホイールベース
H	トレッド　前輪
I	トレッド　後輪

図1－8　主要諸元および寸法（リーチ機構付）

第2章 ショベルローダー等の機能

第2章 ショベルローダー等の機能

第1節 ショベルローダー等の安定度

ショベルローダーまたはフォークローダー（以下「ショベルローダー等」）の安定度は，本質的な特性指数で，荷積み，荷おろしまたは運転時における転倒に対する安全性を表す数値である。

ショベルローダー等の安定度には，基準負荷状態にした後ショベルまたはフォークを最高に上げた状態および基準負荷状態での前後の安定度と，基準負荷状態にした後ショベルまたはフォークを最高に上げた状態および基準無負荷状態での左右の安定度とがショベルローダー等構造規格に定められている（**表1－4**）。

表1－4　ショベルローダー等の安定度（ショベルローダー等構造規格第2条）

安定度の区分	ショベルローダー等の状態	こう配（単位　パーセント）	
		ショベルローダー	フォークローダー
前後の安定度	基準負荷状態からショベル又はフォークを上げ，ショベル又はフォークと車体最前部との水平距離が最大となった状態	15	7
	基準負荷状態	30	24
左右の安定度	基準負荷状態からショベル又はフォークを最高に上げた状態	20（最大荷重が2トン未満のショベルローダーにあっては，15）	15（最大荷重が2トン未満のフォークローダーにあっては，12）
	基準無負荷状態	60	55

備　考
1　この表において，基準負荷状態とは，ショベルローダーにあっては規定重心位置に最大荷重の荷を負荷させ，ショベルを最大に後傾し，その最低部をショベルローダーの最低地上高（地面から接地部以外の部分の最低位置までの高さをいう。以下この表において同じ。）まで上昇した状態，フォークローダーにあっては基準荷重中心に最大荷重の荷を負荷させ，フォークを水平にし，その最低部をフォークローダーの最低地上高まで上昇した状態をいう。ただし，ショベルローダー等がリーチ装置を有するものである場合には，これらの状態のうちリーチを完全に戻した状態とする。
2　この表において，基準無負荷状態とは，ショベルローダーにあっては荷を積載しないで，ショベルを最大に後傾させ，その最低部をショベルローダーの最低地上高まで上昇した状態，フォークローダーにあっては荷を積載しないで，フォークを水平にし，その最低部をフォークローダーの最低地上高まで上昇した状態をいう。ただし，ショベルローダー等がリーチ装置を有するものである場合には，これらの状態のうちリーチを完全に戻した状態とする。

第1編 総 則

この安定度は

①荷重を高く上げたときの安定性，②走行中の急旋回，③急制動した場合の安定性などショベルローダー等本体と荷重の重心の高さによる影響を考慮して，ショベルローダー等が転倒する場合のこう配を安定度として定めている。

規格に定められたショベルローダー等の安定度は，ある使用条件の下での数値を示すものであって，この規格に示された安定度を満足するショベルローダー等であっても，あらゆる使用条件下での安全性が保証されているものではない。

すなわち，ある使用条件とは，

① 使用する場所が平たんで，かつ，堅固な路面または床面であること。

② 基準負荷状態または基準無負荷状態で使用すること。

であり，この条件から外れてショベルローダー等を使用する必要があるときには，積載荷重を減らして必要な安定を確保するか，さらに積載能力の大きい車両を用いるなど，使用時の安定性を確保しなければならない。

安定性の確保にあたっては，ショベルローダー等が良好な整備状態にあることが必要である。例えば，タイヤの空気圧が規定値に満たないと，本来あるべき安定度が保たれない。

また，ショベルローダー等各部の強度，安定性は，この安定度に応じた負荷に対するものであって，荷扱いの都合により，後尾に勝手に重錘を付けて見かけ上の安定度を増してショベルローダー等に過度な仕事をさせることは，各部のバランスを崩して，大事故の原因になるおそれがあり行ってはならないことである。

なお，ショベルローダー等の安定度については，JIS D6003に規定されている。

第2節　走行速度

　ショベルローダーの走行速度は，大型の一部を除いて，普通，高低の2段階があり，荷重積載時には低速領域を用い最高6〜15km／h，空車時には高速領域を用い，最高15〜30km／h程度以下である。

　トルクコンバータを装着すればクラッチ操作もなくなり，運転が容易になる。現在では，トルクコンバータにパワーシフト（変速操作を油圧を使用して行うもの）のトランスミッションを設けた，フィンガコントロール（指先だけの軽い操作のこと）のショベルローダーがほとんどである。

第3節　停止距離

　ショベルローダーを停止させる場合，普通の自動車と同様，ブレーキペダルを踏み込む。ブレーキの構造も，自動車のそれと同様である。ドラムブレーキのものが多いが，ディスクブレーキのものもある。

　車輪ブレーキは，平たんで乾いた舗装路面で，**表1−5**に示す停止距離以内で停止する性能を有するものでなければならない。

表1−5　停車距離（ショベルローダー等構造規格第3条）

ショベルローダー等の状態	制動初速度（単位　キロメートル毎時）	停止距離（単位　メートル）
基準無負荷状態	20（最高走行速度が20キロメートル毎時未満のショベルローダー等にあつては，その最高走行速度）	5
基準負荷状態	10（最高走行速度が10キロメートル毎時未満のショベルローダー等にあつては，その最高走行速度）	2・5

　備　考
　　この表において，基準無負荷状態及び基準負荷状態とは，それぞれ前条の表（編注・表1−4）に掲げる基準無負荷状態及び基準負荷状態をいう。

第1編　総　則

第4節　昇降速度

　バケットの上昇・下降する速度は，荷役作業の能率に大きく影響するので高速化する傾向にある。

　下降の場合において，操作弁を全開にしたとき，荷重の重さにより，下降スピードを制限する弁が設けられているものもある。

第5節　その他

1．操作性能

　普通の自動車の操作に，荷役操作が加わったものと考えればよい。また前後進の切り替えや，クラッチ，ブレーキ，リフト，ダンプ操作の使用が頻ぱんに行われるので，最近では，運転者の操作性と居住性をよくするよう，レバー，ペダルの配置およびシートの改良（レバーによる前後位置の調整）などがされている。

2．視　野

　ショベルローダーでは，バケットを中位にリフトしたまま走行すると，前方の視野をさまたげ車両の安定度も悪化するので，バケットを下位にして走行しなければならない。

第2編
ショベルローダー等の走行に関する装置の構造および取扱いの方法に関する知識

この編で学ぶこと

　この編では、ショベルローダー等の走行に関する装置の構造と取扱いの方法に関する知識を得る。
　構造としては、原動機、動力伝達装置、走行装置、操縦装置、制御装置、付属装置について学ぶ。
　取扱いの方法では、作業開始前から始動、発進、運転、停車、運転終了時までの操作および心得を学ぶ。

第1章 構造

第1節　原動機

1．エンジン（内燃機関）

エンジンの構造，作動原理およびショベルローダー用エンジンの特徴などについて述べる。

(1) **ガソリンエンジン**

ガソリンエンジンは，ガソリンと空気の混合ガスを圧縮して，これに点火して得られる爆発力を回転エネルギーに変える装置である。

イ．構　　造

エンジン本体の主要部分としては，シリンダ，ピストン，ピストンリング，コネクティングロッド，クランクシャフト，フライホイール，バルブ，カムシャフト，クランクケース，キャブレータ，ディストリビュータおよび点火プラグなどから構成され，これにオルタネータ，スタータモータ，ファンおよびエアクリーナなどの補機類が装備されている（図2－1，図2－2）。

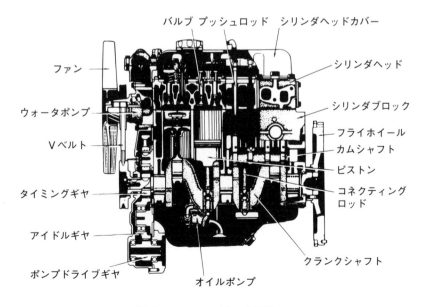

図2－1　エンジンの構造

図2-2　ガソリンエンジンの外観

ロ．作動原理

　ピストンがシリンダ内を下がるときに，キャブレータで霧吹きの仕掛けにより，霧状のガソリンが空気とともに（重量比でガソリン1，空気約14）ピストンの上部へ吸い込まれ，次にピストンが上がって，エキゾーストバルブとインテークバルブが閉じているので，ガソリンと空気の混合ガスが圧縮され（6〜9分の1），ピストンが上がったとき，点火プラグの火花間隙に電気火花を飛ばして，混合ガスに着火爆発を起こし（このときの最大圧力は約3MPa），この圧力でピストンを押し下げる。ピストンが下死点近くになるとエキゾーストバルブが開き，次にピストンが上がりながら，燃焼したガスをエキゾーストバルブからエキゾーストマニホールド，パイプおよびマフラを通して押し出す。

　ピストンの上下運動は，コネクティングロッドを介してクランクシャフトの回転運動に変換され，動力源となる。

　このように，クランクシャフトが2回転する間に，吸入，圧縮，爆発，排気の4つの行程を行うエンジンを4行程エンジンという（**図2-3**）。このほかに，2行程エンジンといって，1回転ごとに爆発する方式があるが，ショベルローダーにはほとんど使用されていないので，説明を省略する。

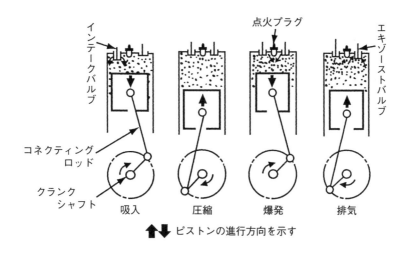

図2-3　4行程ガソリンエンジンの行程図

(2) **ディーゼルエンジン**

ディーゼルエンジンは，空気を高圧に圧縮し，その中に軽油を高圧で噴射すると，軽油は空気の圧縮熱により自然着火し爆発するが，この爆発力を回転エネルギーに変える装置である。

イ．構　　造

エンジン本体の主要部分は，一般にガソリンエンジンから，キャブレータと点火プラグなどの点火装置を取り外し，代わりにスロットルと噴射ポンプ，噴射ノズルなどを装備したものと考えてよく，補機類はガソリンエンジンと同様である（**図2-4**）。

ロ．作動原理

吸入，圧縮，爆発，および排気の4つの行程は，ガソリンエンジンと同一であるが，ガソリンエンジンではガソリンと空気の混合ガスを吸い込むが，ディーゼルエンジンでは空気のみを吸い込み，圧縮され（17～23分の1とガソリンエンジンよりも圧縮比が大きい），前者が点火されて爆発するのに対して，後者は軽油を圧縮された空気の中へさらに高圧（約20MPa）で噴射すると，軽油は空気の圧縮熱により自然着火して爆発する点が異なる。

第2編　ショベルローダー等の走行に関する装置の構造および取扱いの方法に関する知識

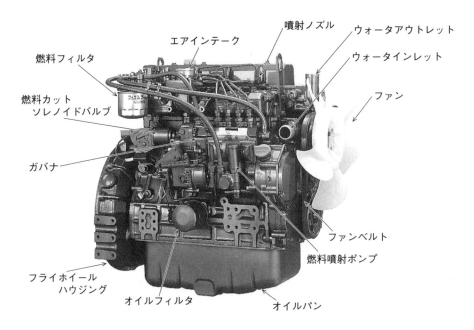

図2-4　ディーゼルエンジンの外観

(3) **ショベルローダー用エンジンの特長**

イ．ガバナの装備

　　ショベルローダー用エンジンは，走行・かじ取り・荷役の動力源として使用される。かじ取り・荷役は，油圧ポンプによる作動油のエネルギーにより行われる。エンジンにかかる負荷はショベルローダーの状態により，大きく変化するので，エンジンの操作を容易にし，過回転を防止する最高速度制御ガバナを装備するのが普通である。ガバナにはその構造によって①　機械式ガバナ（メカニカルガバナ），②　負圧式ガバナ（ニューマチック式ガバナ）があり，次にその構造と作動原理について述べる。

ロ．ガバナの構造と作動原理

　(イ)　機械式ガバナ（メカニカルガバナ）（**図2-5**）

　　　　この形式のものは，通常の遠心重錘式ガバナと同様で，ウエイトまたはボールの遠心力を利用したもので，自動的にエンジンの回転速度を制御する。

　　　　エンジンにかかる負荷が減少し，プーリの回転が速くなると，ウエイトは遠心力で外方へ広がり，スライドカラーは軸方向に押され（図では右へ押される），スラストベアリングを介して，ヨークを動かし，ヨークシャフトを回転させ（図では時計回り），これに連結されたレバーが回転して，キャブレータ

34

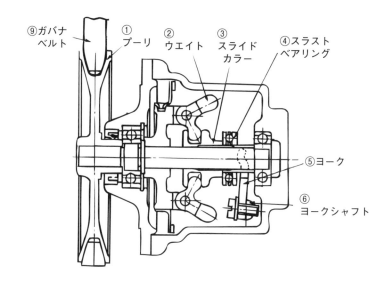

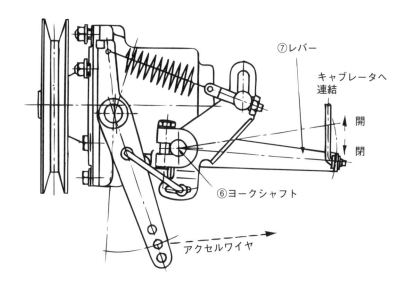

図2-5　機械式ガバナ

のスロットルバルブを閉じる方向へ働き，エンジンの回転速度の上昇を自動的に抑えることになる。

　負荷が増大すると，前述の作動が逆になり，エンジンの回転速度の下降を自動的に抑えることになる。

(ロ)　負圧式ガバナ（ニューマチック式ガバナ）（**図2-6**）

　一定の面積の管の中を空気が流れる場合，空気の圧力は空気の流速が増大す

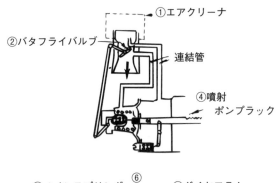

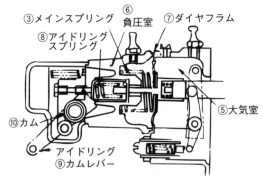

図2－6　負圧式ガバナ

るにつれて低下する原理を応用したもので，エンジンのスロットルバルブのバタフライバルブ部に生ずる圧力の変化により，噴射ポンプラックを動かし，回転を制御する。

　エンジンの負荷が減少し，回転速度が速くなると，エアクリーナから入ってくる空気の量が増えるので，空気の流速が速くなり，バタフライバルブの下方の空気圧が下がり，連結管を通じて負圧室内の空気圧が下がり，大気室との差圧が大きくなり，メインスプリングの力に抗して，噴射ポンプラックがひき戻され（図では左方へ），噴射ノズルから噴射される燃料を少なくする。したがってエンジンの回転速度の上昇を自動的に抑えることになる。

負荷が増大すると，前述の作動が逆になり，ラックが押され（図では右方へ），燃料が多くなり，エンジンの回転速度の下降を自動的に抑えることになる。

八．油圧ポンプの取付け

産業車両用エンジンでは，油圧ポンプはタイミングギヤに直接取り付けるほか（**図2－7**），ファン側クランクシャフトの端部からカップリングを介して取り付けたり（**図2－8**），Vベルトで取り付ける方法がとられている。

図2－7　油圧ポンプの装着(1)

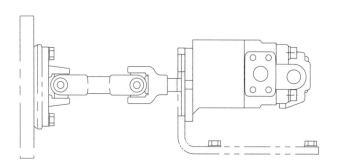

図2－8　油圧ポンプの装着(2)

ニ．ファン

　　ショベルローダーでは，ラジエータが車両後端にあるので，通常の自動車と同様な吸込形にすると，運転席部分に熱風が送られ，夏季には不都合である。このため，ショベルローダーにはファンのひねりを逆にした押出ファンを使うのが普通である。

　　さらに，通常の自動車に比べて，車速が低く，走行時の風速によるラジエータの冷却効果が少ないので，ファン枚数を増やし，外径も大きいものを装着する（図2－9）。

ホ．オイルパン，エアクリーナ

　　ショベルローダーはその特性上，小形では，特にコンパクトを要求されるので，オイルパンの形状，エアクリーナの位置など，車体に合わせて製作されている。

(4) **ガソリンエンジン使用のショベルローダー**

　　国内では一般に1.6t積み以下のショベルローダーに使用されており，自動車用エンジンに，上に述べたような改造を加えたもので，フォークリフト用とほぼ同じである。2t以上のショベルローダーには，燃料費がかさむ欠点のため，あまり使用されていない（図2－1，図2－2）。

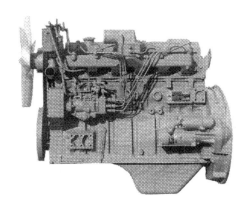

図2－9　外径の大きい産業車両用ファン

(5) ディーゼルエンジン使用のショベルローダー

１ｔ積み以上のショベルローダーに使用されている。

(6) LPG燃料使用のショベルローダー

LPGは，液化された石油ガスのことで，普通はプロパンガス，ブタンガスまたはそれらの混合物のことをいう。

ガソリンエンジンにLPG燃料供給装置を加えることによって，LPGを燃料として，エンジンを駆動することができる（**図２－10**）。

1.5～3L級のガソリンエンジンが搭載された，0.7～1.5ｔ級のショベルローダーに使用されている。

LPGは，ガス状となって空気と混合するので，完全燃焼しやすく，排気ガス中には一酸化炭素（CO）が少なく，また，燃料費もガソリンに比べて安いという特徴をもっている。

(7) 排気浄化マフラ

ガソリンエンジンの排気ガス中には，一酸化炭素（CO），炭化水素（HC），窒素酸化物（NOx）などが含まれ，特に，一酸化炭素は毒性が強く，また，炭化水素，窒素酸化物は光化学スモッグの原因になるなど，これらの有害物質排出の規制が強化されてきた。

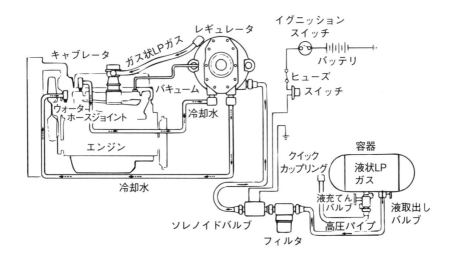

図２－10　LPG燃料供給システム

また，ディーゼルエンジンでは排気ガスとともに，排出される黒煙，火の粉（燃料が不完全燃焼して生ずる）も問題となる。

エンジン式ショベルローダーを用いる場合には，換気の悪い作業場では一般に一酸化炭素が，また運搬物が汚染されると商品価値がさがるようなものでは黒煙が，さらに可燃性の物質がある作業場では，火の粉が問題になる。

マフラは本来消音が目的であったが，これらの排気問題に対して様々な機能のマフラが用いられている。

イ．排気ガス中の有毒ガスを低減化するもの

触媒マフラ：触媒（例：白金，アルミナ）を利用して一酸化炭素，炭化水素を酸化させ，水蒸気と炭酸ガスにする方法（**図2－11**）。

さらに，窒素酸化物も同時に分解する三元触媒マフラ（エンジンの空燃費の制御も行う）を使用したものがある。

ロ．排気ガス中の浮遊物質（PM）を除去するもの

DPF装置：ディーゼルエンジンの排気ガス中の浮遊炭素を特殊フィルタにより捕集し，フィルタが目詰まりをしないように捕集した炭素微粒子を燃焼させて除去し，フィルタ機能を維持する装置。

火の粉除去マフラ：排気ガス中の炭素粒子を排気ガスの流速を利用した遠心力により，分離して集めて適宜排出する方法（**図2－12**）。

ハ．取扱いに関する注意

触媒マフラは，排気ガス中の有毒ガスの成分を除去するためのもので，エンジン始動後のしばらくの間（低温時）は効率が悪くなる。

また，排気浄化マフラ使用時は，装置の取扱説明書に従い正しい取扱いをしないと効果が発揮できなくなるので注意が必要である（一般的な初期効率60〜90％）。

排気ガスや炭素微粒子が清浄化されても，換気の悪い作業場では未浄化のガスや炭素微粒子が徐々に溜まったり，酸欠になるので注意しなければならない。

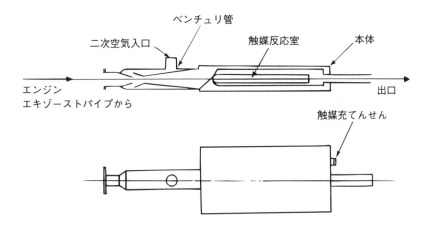

図2-11 触媒使用の排気浄化マフラ

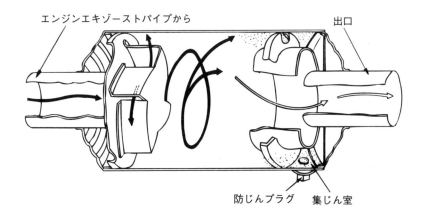

図2-12 遠心力利用の火の粉除去マフラ

第2節　動力伝達装置

ショベルローダーの動力伝達装置は，自動車のそれと類似しているが，後進も前進と同程度に使用される，最高速度が遅いなどの相違がある。

1．クラッチ式変速機

クラッチの断続の間に，変速機の速度段や前・後進のギヤの切替えを手動で行う形式。クラッチペダルの操作方法によって，車両をスムーズに動かしたり，接続時に適度な衝撃を出したりできる特徴がある。一方，クラッチペダルの操作は疲労を伴うため，操作の楽な変速機が多く使用されるようになっている。

(1) **クラッチ**

ショベルローダーは，自動車と違って，クラッチ操作回数が非常に多いので，どうしても，クラッチ板の摩耗が早く，そのためクラッチ板の交換を容易にするためにメインシャフトをクラッチ板の反対側に抜き出し，変速機を取り外すことなく，クラッチ板の交換ができる形式となっている（図2－13）。

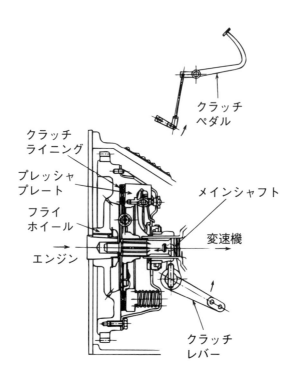

図2－13　クラッチ

第1章 構造

⑵ 変 速 機

　前進・後進とも２段式のものが多い。自動車のように，高速を必要としないので，減速比を大きくとって，発進・登坂の力が出せるようになっている。

　変速機構としては同期かみ合い式（シンクロメッシュ式）となっており，変速時，かみ合わせる互いの２つの歯車の周速度を等しく（同期させる）して，変速操作が容易に行えるようにしている。

２．トルコン式変速機（パワーシフト式変速機）

　トルクコンバータと湿式多板クラッチの断続によるギヤのかみ合いを選択する変速機を組み合わせた形式。

⑴　トルクコンバータ

　トルクコンバータは，クラッチ式の欠点を補うものである。ショベルローダーは通常，トルク（回転力）と車速が広範囲に変わることが要求され，クラッチ式の場合は多数のギヤのかみ合いによるしか方法がなく，また，オペレータの操作により段階的に変えることになるが，これらを自動的に，連続的に行うものである。

イ．トルクコンバータの構造と作動原理

　　トルクコンバータは主として

　　①　エンジンのフライホイールに連結されるポンプ

　　②　変速機の入力軸に連結されるタービン

　　③　ポンプとタービンの間にあるステータ

などから構成されており（**図２－14**），油を満たした１つのケースの中に納められたものである。

　エンジンと変速機の間が，機械的なつながりがないのに，動力が伝達する理由は，次の様に考えるとわかりやすい。

　図２－15のように扇風機を２台向かい合わせ，片方の扇風機のスイッチを入れると，他方の扇風機の羽根は，スイッチを入れた扇風機の羽根と同じ方向に回り出す。これは空気が媒体となって，エネルギーを伝達したことになる。また，これは手にホースの水が当たると手が後ろに押されることと同様である。

　図２－15で，スイッチを入れた駆動側の扇風機による風は，被駆動側の羽根を通り過ぎると後方へ散ってしまうが，この風の流路を作って，再び駆動側の扇風機の裏側に導いてやると，同じ空気を使って，扇風機の羽根を回し続けることが

43

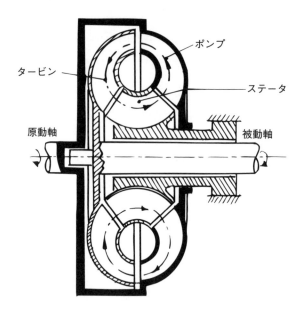

図2-14　トルクコンバータの断面図

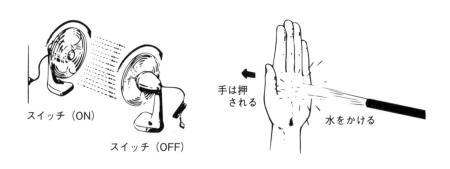

図2-15　動力の伝達

できる。これがトルクコンバータの原理である。

　トルクコンバータでは，スイッチを入れた扇風機としてポンプ（エンジン側），風を受ける扇風機としてタービン（変速機側），流れの向きを変える役目のステータがあり，媒体として油を使用する。

　トルクコンバータ内の油の流れは，ポンプ軸，タービン軸がそれぞれ回転しているので**図2-16**のように流れる。

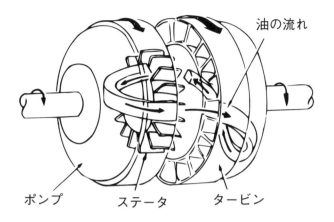

図2−16　油の流れ

ロ．トルクコンバータの特徴

　前述の作動原理ですでにわかったように，ショベルローダーにかかる外部からの負荷の変動に対して，トルクコンバータが自動的に，大トルク・低回転となるか，小トルク・高回転，またはその中間になるかを連続的に選択する。したがって，

① 運転操作が簡単になる（クラッチ式の場合の高低の変速操作が不要）ので，容易にかつ軽い操作力で操作ができる。

② 土石等のすくいこみや荷取りの時に生ずる衝突・衝撃に対して油がクッションの役目をするので，ショックを緩和し，エンジン，パワートレインを保護し，ショベルローダーの寿命を長くする。

③ クラッチ式のときのようなあそび，隙間の調整またはクラッチ板の交換が不要である。

ハ．トルクコンバータの欠点

① クラッチ式に比べて価格が高い。

② エンジンブレーキの効きが悪い。したがって坂道を下るような場合は，足ブレーキを使用する必要がある。

(2) **トルコン式変速機（パワーシフト式変速機）**

　トルクコンバータには逆転の機能がなく，高低速2段，またはそれ以上の切替えを行う場合もあるので，トルクコンバータはパワーシフト式変速機と組み合せて使用されている。

　パワーシフト式変速機は，油圧を利用して，湿式多板クラッチの接続・切替えを行い，ギヤは常時かみ合い式で，多板クラッチが接続したときに動力を被動軸に伝達する。前後進または変速レバー（一体になったものもある）を軽く操作するだけで，湿式多板クラッチへの油圧を ON/OFF して前後進や変速ができる（**図2－17**）。

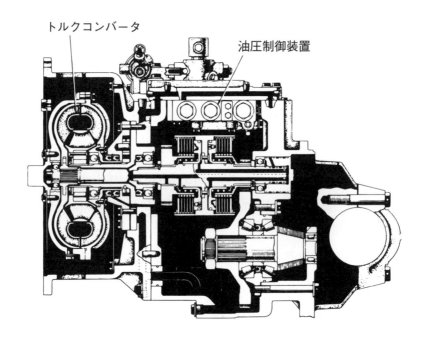

図2－17　トルコン式変速機

3. たわみ継手

自動車のプロペラシャフトに相当するものであるが，ショベルローダーは，コンパクトにまとめる必要があるので，その長さは比較的短いのが普通である。継手には，十字軸式のものが多く使用される（**図2-18**）。

小形ショベルローダーでは，動力伝達用のたわみ継手がないものとあるものがある。たわみ継手のないものは，エンジン，クラッチ，変速機，終減速機までが，ボルト締めにより一体構造となっている（**図2-19**）。

なお，たわみ継手は，油圧ポンプやエンジン冷却ファンの駆動に使用されることがある。

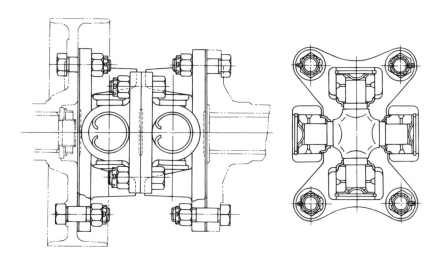

図2-18 十字軸継手

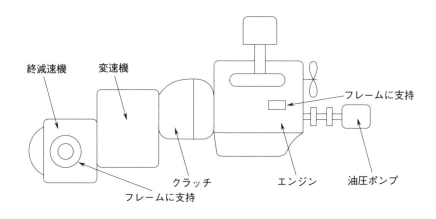

図2-19 たわみ継手のない形式

4. 終減速装置

　自動車の終減速装置と基本的に同一であり，変速機の出力軸からの動力は，たわみ継手を介して，曲り歯かさ元歯車（スパイラルベベルピニオン）から差動歯車を内蔵する差動歯車室と一体となった曲り歯かさ受歯車（スパイラルベベルギヤ）へ伝達される（図2-20）。

　さらに減速が必要な場合は，曲り歯かさ歯車同士の減速機構の前後に，平歯車減速機構をおくか，または車輪の直前で遊星歯車減速機構をおく（図2-21）。

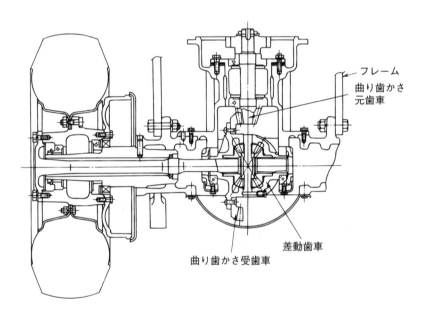

図2-20　差動装置と前車軸

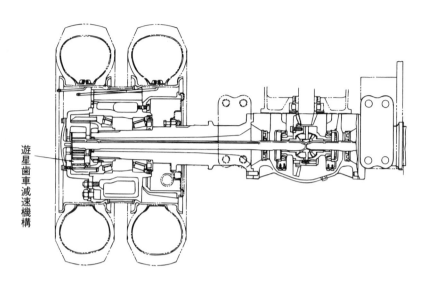

図 2－21　終減速装置

5．差動歯車装置

　自動車の差動歯車と基本的に同一であり，ショベルローダーが旋回すると，外側のタイヤは，内側のタイヤよりも，速く回転しなければならない。また，直進のときは，ほぼ等しい回転速度となる。このような機能を満足させるのが，差動歯車装置である。

第3節　走行装置

1. 前車軸

　通常の自動車と異なり，ショベルローダーでは，前車軸は動力を伝達する駆動車軸である。その取付方法も自動車と異なり懸架バネはなく，フレームへ直接，ボルト締めされている（**図2－20**）。

2. 後車軸

　後車軸は一般にかじ取り車軸となっており，タイヤのかじ取り角は，自動車のそれと異なり（自動車，内側で35°程度），75～80°と極端に大きい。これはショベルローダーの性能面で，旋回半径をできるだけ小さくするためである。ショベルローダーでは，フレームへの取付けに，車軸の中心をピンで支持しており，これをセンタピン式という。前車軸同様，懸架バネがない（**図2－22**）。

　なお，センタピン式では，この支持構造により凸凹路面で前後4輪が路面に接地することができ，スリップせず走行できる特長があるが，揺動角が大きいと走破性が向上する反面，ショベルローダーの左右安定度が悪くなり，最大荷重を得ることができない。

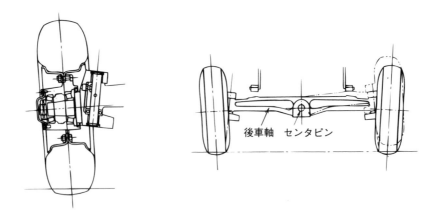

図2－22　後車軸

3. 車　輪

ニューマチックタイヤと特殊タイヤがある。

(1) ニューマチックタイヤ

ショベルローダーに使用されるニューマチックタイヤは，自動車タイヤと違って低速高荷重を要求されるので，それに見合った構造の産業車両用タイヤを使用している（図2−23）。

ニューマチックタイヤを装着したショベルローダーは，比較的路面の悪い所でも振動・ショックが少なく使用できる。タイヤの空気圧は自動車よりも高圧で，シングルタイヤで700〜900kPa，ダブルタイヤで500〜700kPaが普通である。

それぞれのショベルローダーに貼り付けてある空気圧ラベルの指示に従うこと。新しいタイヤ（新車，タイヤ交換）は，空気の抜けが早いので注意が必要である。

(2) 特殊タイヤ

外観はニューマチックタイヤと同一であるが，チューブがなく，空気がはいる部分が軟質ゴムで詰まったタイヤや，内圧の低いワイドベースタイヤ（広幅タイヤ）などがあるが詳細は省略する。

図2−23　ニューマチックタイヤ

第4節　操縦装置

ショベルローダーは普通の自動車と異なり、「第3節2. 後車軸」の項で述べたように、かじ取り角が大きく、また、空車と積車では、ハンドル操作力がかなり異なり、さらに、ハンドル操作の頻度が多いので、オペレータの操作を楽にするために、パワーステアリングが採用されている。

1．かじ取り減速装置

小形のショベルローダーでは、ボールナット式が用いられることが多い。減速比は減速装置で20～25、ハンドル総回転数は4～5程度が一般的である（**図2－24**）。

図2－24　かじ取り減速装置
（ボールナット式）

2．かじ取り倍力装置（パワーステアリング）

ハンドル操作力を軽減するために，最大荷重0.7 t 級以上からは油圧を利用したかじ取り倍力装置（パワーステアリング）を使用しているのが一般的である。ショベルローダーのパワーステアリングには，セミインテグラル式，リンケージ式および全油圧式がある（図2-25～図2-27）。

(1) セミインテグラル式
かじ取り減速装置と弁本体が一体でシリンダが別置きもの。

(2) リンケージ式
かじ取り減速装置，弁本体およびシリンダがそれぞれ別置きのもの，あるいは弁本体とシリンダが一体になったもの。

(3) 全油圧式
ハンドルの回転に連動する油圧回路切替弁および計量油圧ポンプを内蔵したステアリングバルブで，ハンドルを回した分だけ後車軸のシリンダーに油を送り，かじ取りするもの。

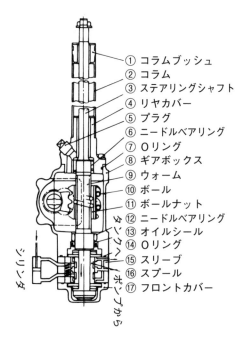

① コラムブッシュ
② コラム
③ ステアリングシャフト
④ リヤカバー
⑤ プラグ
⑥ ニードルベアリング
⑦ Oリング
⑧ ギアボックス
⑨ ウォーム
⑩ ボール
⑪ ボールナット
⑫ ニードルベアリング
⑬ オイルシール
⑭ Oリング
⑮ スリーブ
⑯ スプール
⑰ フロントカバー

図2-25　セミインテグラル式

第2編　ショベルローダー等の走行に関する装置の構造および取扱いの方法に関する知識

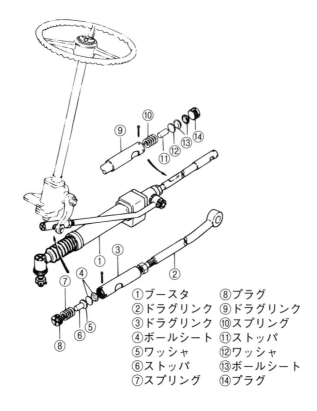

①ブースタ　　⑧プラグ
②ドラグリンク　⑨ドラグリンク
③ドラグリンク　⑩スプリング
④ボールシート　⑪ストッパ
⑤ワッシャ　　⑫ワッシャ
⑥ストッパ　　⑬ボールシート
⑦スプリング　⑭プラグ

図2－26　リンケージ式

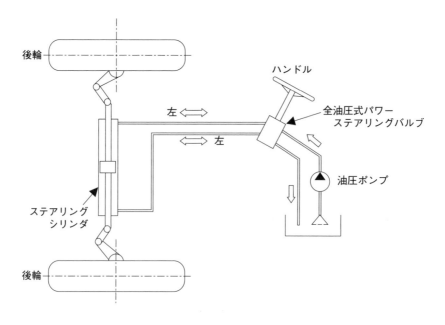

図2－27　全油圧式

54

3．かじ取りリンク

　かじ取りリンクは，かじ取り減速装置と後車軸の間をつなぐもので，ドラグリンクとタイロッドとベルクランクから成り立つ（**図2－28**）。

　全油圧式では**図2－28**のようにステアリングシリンダがベルクランクに代わる機能をする。

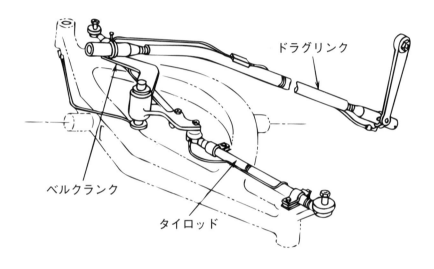

図2－28　ドラグリンクとタイロッド

第5節　制動装置

ショベルローダーには，一般に前車輪に作用する油圧式の足ブレーキと，前車輪または変速機出力軸に作用する機械式の駐車ブレーキを装備する。

ショベルローダーの最高速度は，通常15〜30km／hであり，負荷時は前輪に大きな荷重がかかるので，油圧式の足ブレーキは自動車と異なり，特殊な大型を除いて，前輪のみに装備され，後輪には装備されないのが普通である。

1．油圧式足ブレーキ

自動車の足ブレーキと同様，足による踏力をマスターシリンダに伝え，発生する油圧をホイールシリンダへ送って，ブレーキシューを広げ，ブレーキドラムとの間の摩擦で，制動をかけるものである（図2－29）。

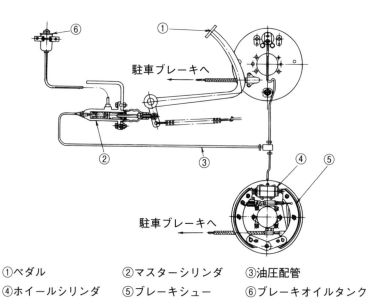

①ペダル　　　　　　②マスターシリンダ　　③油圧配管
④ホイールシリンダ　⑤ブレーキシュー　　　⑥ブレーキオイルタンク

図2－29　足ブレーキ（サーボなしのドラム式ブレーキの例）

2．サーボ式ブレーキ

小形のショベルローダーでは図2-29の方式で十分であるが，大形になると，油圧式足ブレーキのみでは，ブレーキ力が不足したり，ブレーキ踏力を軽減させるため，倍力装置（サーボ式）が必要となる。

サーボ式は，エンジンから油圧，真空力またはエア圧の形でエネルギーを取出し利用しているので，次の注意が必要である。

① 運転時にエンジンが停止したり，油圧系統やエア系統が故障した場合は，直ちに停車すること。下り坂や平地でエンジンを止めて惰行走行させないこと。
② ブレーキやステアリング系統の故障車のけん引による移動は絶対にしないこと。

サーボには，いろいろな方式が使用されている。

(1) 油圧サーボ式

エンジンに装着した油圧ポンプの油圧をブレーキペダルに連動するブレーキ弁を介して，ホイールシリンダへ送り，ブレーキシューを広げて，制動をかける。

(2) 真空サーボ式（図2-30）

真空ポンプやエンジン吸気側で発生する真空圧と大気圧との差圧を利用して，マスタシリンダに生じる液圧を増加するブレーキブースタを使用する。

(3) エアサーボ式

エンジンにコンプレッサを装備し，得られる圧縮空気を利用するものである。

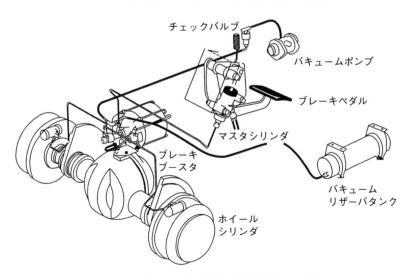

図2-30　ブレーキ倍力装置例（真空サーボ式）

3．駐車ブレーキ

駐車時と不意の制動の際に使用することは，自動車と同様であり，手，その他の力をリンクを介してカムに伝え，これが回転することによって，ブレーキシューを収縮させ，ブレーキドラムとの間の摩擦により，制動をかけるものである（**図2－29**）。

なお，駐車ブレーキレバーは手を離しても，ブレーキ状態を保持できるようにラチェットがついているか，オーバーロック構造になっている。**図2－31**は，内部拡張式であるが，外部収縮式などもある。

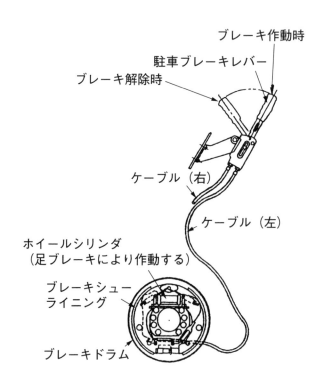

図2－31　内部拡張式ブレーキ（駐車ブレーキを兼用）

第1章 構造

第6節 付属装置

基本的には自動車の付属装置と同様であるが，走行するだけでなく荷役作業を効率よく安全に行う目的の付属装置が多種ある。

1. 計　　器

計器には，燃料計，水温計，エンジン油圧計，電流計，トルコン油温計，エンジン回転計，サービスメータ（アワメータ）などがある。

そのほかに，速度計，警告表示（水・油の残量，ブレーキ摩耗）などが特殊装備されることがある。

計器は，これを見ることによってショベルローダーの適正な運転，機能が正常かを判定するものであるから，常に注意する必要がある。

2. 灯火・警音器など

ショベルローダーは，自動車と異なり，必ずしも公道を走るとは限らないので，車検部品は標準装備でない場合が多い。

(1) 標準装備

方向指示器，警音器，前照灯，尾灯，制動灯，後退灯，後写鏡，後退警報器を標準装備としたものが多い。

(2) 特殊装備（オプション装備など）

(1)の標準装備のほかに，走行回転灯など様々な走行や荷役の安全性を高めたものがある。

また，夜間作業時，作業場に照明設備がなく，かつ，車の後方を照明する必要があれば，後照灯を装備しなければならない（安衛則第151条の27）（**図2−32**）。

59

図2-32 後照灯を装備したショベルローダー

3．その他

特に発火しやすい環境で作業する場合，消火器を装備するなどの配慮が必要である。

第2章 取扱いの方法

第1節　基本的な事項

　ショベルローダーは，自動車と異なり，走行ばかりでなく荷役作業が伴い，しかも自動車に比べて車両質量，駆動力も大きく，構造・特性も異なるので運転者の不注意による災害が少なくない。また，狭い場所で荷役・運搬を行う場合が多いので，運転者・誘導者は周囲の状況，特に歩行者・高積みされた荷物に十分注意しなければならない。

　作業開始前の準備としては，ブレーキの効き，ハンドルの遊び，タイヤの空気圧など第2節で述べる事項を点検しなければならない。

　燃料の補給時には，必ずエンジンを停止させること，燃料・作動油の漏れはよくふき取っておくことが必要である。

　また，実際に運転するショベルローダーは，メーカーにより，機種により，独自の取扱い上の注意があるので，付属する取扱説明書をよく読んで理解してから運転することが重要である。

　そのほか，ショベルローダーの故障が発見された場合は，直ちに車両の管理者に報告し，修理にだすことが必要である。

第2編　ショベルローダー等の走行に関する装置の構造および取扱いの方法に関する知識

第2節　作業開始前の心得

　作業を開始する前に，災害を未然に防止するため**表2－1**に示す点検を行うこと。

　点検は通常3段階で行う。

①エンジン始動前，②エンジン始動後，車上にて，③徐行にて。

表2－1　作業開始前の点検一覧表

項　　　目	エンジン始動前	エンジン始動後，車上にて	徐行にて
外　　　　観	各部の水・油漏れ		
タ　　イ　　ヤ	タイヤの空気圧，タイヤの損傷		
方向指示器およびランプ	レンズの汚れ，損傷	各ランプの作動	
バ ッ ク ミ ラ ー	汚れ，損傷	後方の写影	
警報装置（ホーン）		鳴るか	
各　計　器　類		各計器の作動	
燃　　　　料		油量	
エ　ン　ジ　ン		異音，排気色	
ク　ラ　ッ　チ		ペダルのあそび	クラッチの切れ
フ ー ト ブ レ ー キ		ブレーキペダルの踏み代	ブレーキの効き
駐 車 ブ レ ー キ		レバーの引き代，駐車ブレーキの効き	
ス テ ア リ ン グ		ハンドルのあそび，がた	振り，取られ
荷　役　装　置		荷役装置の作動，バケットの上昇，下降，ダンプアームのリーチ動作	

第2章　取扱いの方法

第3節　定期自主検査

　災害を未然に防止し，車両の稼動効率の向上を図るため法律で事業者に定期的に自主検査の実施を義務付けている。

　定期自主検査には1月ごとの検査，1年ごとの検査および使用再開時の検査があり，自主検査を行った場合は，その結果を記録し3年間保存しなければならない。

　なお，検査については，厚生労働大臣が公表した「ショベルローダー等の定期自主検査指針」（昭和60年12月18日自主検査指針公示第9号）にしたがって，十分な能力のある者（定期自主検査の実施について一定の教育を受けた者または検査整備業者）に行わせる必要がある。

1．1月ごとの定期自主検査

　1月を超えない期間ごとに1回，定期に，制動装置，クラッチ，操縦装置，荷役装置，油圧装置（安全弁を含む。），ヘッドガード等の異常の有無について自主検査を行うもの。

2．1年ごとの定期自主検査

　1年を超えない期間ごとに1回，定期に，ショベルローダー等の各部分の異常の有無について自主検査を行うもの。なお，ショベルローダー等の使用休止期間が**表2－2**の左欄に該当するものは，その使用を再び開始する際に同表の右欄に該当する自主検査を行わなければならない。

表2－2　使用再開時の自主検査

使 用 休 止 期 間	使用再開時の自主検査
1月を超え，1年以内のもの	1月ごとの定期検査に該当するもの
1年を超えるもの	1年ごとの定期検査に該当するもの

63

第4節　始動の操作および心得

1．ガソリンエンジン式

① 変速機の変速レバーが中立位置にあるか，駐車ブレーキが引いてあるかを確認する。

② エンジンキーを，始動スイッチにさし込み（**図2－33**），キーを ON の位置に回す。

③ キーを「START」の位置にまわし，エンジンが始動したら，キーから手を離す。

④ エンジンが始動したら，しばらく暖気運転をする。

オートチョークが働いているので，エンジン回転数は徐々に高くなり，エンジンが暖気されると自動的に回転が下がる。

2．ディーゼルエンジン式

① 変速機の変速レバーが中立位置にあるか，駐車ブレーキが引いてあるかを確認する。

② ディーゼル式で予熱装置が付いている機種（直噴式を除く）の場合，予熱装置の加熱が必要となるので，エンジンキーを「GLOW」の位置にまわし，予熱シグナルランプを点灯させる（**図2－34**）。

③ 予熱装置による加熱が完了し，シグナルランプが消灯したら，キーを「START」の位置に回し，エンジンが始動したらキーから手を離す（メーカーにより，若干異なる場合があるので取扱説明書を確認すること。）。

④ しばらく暖気運転をする。

⑤ 始動スイッチの構造により，キーを「ON」にすると，予熱シグナルランプが自動的に点灯するものもある（**図2－35**）。

第2章　取扱いの方法

ガソリンエンジン式
キーをさし込み、ONの位置に回す

図2-33　ガソリンエンジン式の始動

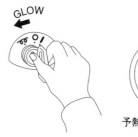 

予熱シグナルランプ

ディーゼルエンジン式（予熱点灯式）
キーを「GLOW」の位置に回し，予熱シグナルランプを点灯

図2-34　ディーゼルエンジン式の始動(1)

予熱シグナルランプ

ディーゼルエンジン式（予熱自動点灯式）
キーを「ON」にすると，予熱シグナルランプが自動的に点灯する機種もある

図2-35　ディーゼルエンジン式の始動(2)

第2編　ショベルローダー等の走行に関する装置の構造および取扱いの方法に関する知識

第5節　発進，運転の操作および心得

1. 発　進　前

　リフト，ダンプおよびリーチレバーを操作して，各シリンダの全ストロークを2～3回作動させる。

　リフトレバーを引いて，バケットを地面から20～30cmリフトさせる。ダンプレバーを引いて，バケットをいっぱいに上向きにさせる。

　リーチレバーを引いて，バケットをいっぱい機台側に引き寄せる。

2. クラッチ式（図2－36）

① 　クラッチペダルをいっぱい踏み込む。

② 　変速レバーを1速（前進のときはF－1，後進のときはR－1）に入れる。

③ 　駐車ブレーキをゆるめる（レバー式は押しながら前に倒す。ステッキ式はまわしながら押し下げる。）。

　　アクセルペダルを踏み込むと同時に，クラッチペダルから足を徐々に離すと発進する。

④ 　アクセルペダルをさらに踏み込み，加速させてから足を離すと同時に，クラッチペダルを踏み込み，変速レバーを2速に入れる。

⑤ 　アクセルペダルを踏み込むと同時に，クラッチペダルから足をすばやく離す。

　以上のとおりで，自動車のクラッチ式と同様である。

　発進に際して，空車時と積車時では，アクセルペダルの踏み加減を変える必要がある。積車時はアクセルペダルを多めに踏み込まないと，エンストする場合があるので注意を要する。

　上り坂発進では，駐車ブレーキをゆるめる操作を，アクセルペダルを踏み込みクラッチペダルから足を離しながら行う。

第 2 章 取扱いの方法

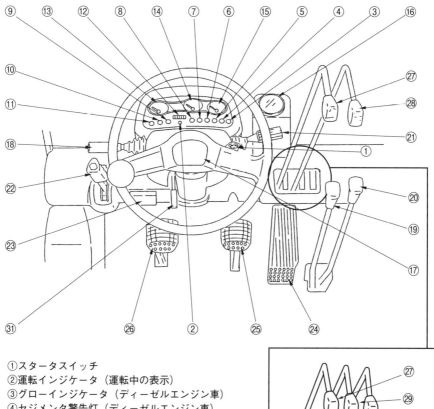

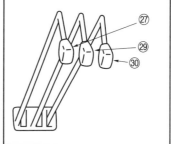

①スタータスイッチ
②運転インジケータ（運転中の表示）
③グローインジケータ（ディーゼルエンジン車）
④セジメンタ警告灯（ディーゼルエンジン車）
⑤バッテリ液量警告灯（オプション）
⑥ラジエータ冷却水量警告灯（オプション）
⑦燃料残量警告灯（オプション）
⑧エアークリーナエレメント警告灯
　（オプション）
⑨充電警告灯
⑩エンジン油圧警告灯
⑪ブレーキ液量警告灯
⑫アワメータ
⑬エンジン水温計
⑭トルコン油温計（オプション）
⑮燃料計
⑯スピードメータ（オプション）
⑰ホーンボタン
⑱前後進レバー（トルコン車）
⑲前後進レバー（クラッチ車）
⑳高低速レバー（クラッチ車）
㉑コンビネーションスイッチ（ウインカとライト
　スイッチ）
㉒駐車ブレーキレバー
㉓ヒューズボックス
㉔アクセルペダル
㉕ブレーキペダル
㉖インチングペダル（トルコン車）
　クラッチペダル（クラッチ車）
㉗リフトレバー
㉘ダンプレバー（リーチ機構なし）
㉙リーチレバー（リーチ機構付）
㉚ダンプレバー（リーチ機構付）
㉛ティルトハンドルロックレバー

図 2 − 36　運転席（クラッチ式，トルコン式）

67

3．トルコン式（図2−36）

① 前後進レバーを前（後）進に入れる。

② 駐車ブレーキをゆるめる。

③ アクセルペダルを踏み込むと発進する。

　なお，トルコン式には左側にインチングペダルを持つものが多い。このペダルは踏むとブレーキとともに変速機を中立にするため，ダンプトラックへの接近など，微速走行操作が容易になる。

4．指定速度での走行

　工場内，屋内において使用するときは，制限速度を決めなければならない。さらに，例えば空車時15km／h，積車時10km／hと別々に決めた方がより安全である。

　ショベルローダーを集中して使用する場合，これらの制限は是非必要であり，制限速度オーバーや追越しは行ってはならない。

5．曲がり角の旋回（図2−37）

　交差点または曲がり角で方向を変える場合，曲がろうとする方向へ，方向指示器で合図を行い，安全を確認してからハンドルを切る。

　歩行者，または先行して曲がろうとする他の車両がある場合には，いったん停止して待つこと。

　曲り角を曲がる場合は普通の自動車と異なり後輪でかじ取りを行うため，前進のときは車を内側いっぱいに寄せて旋回する必要がある。

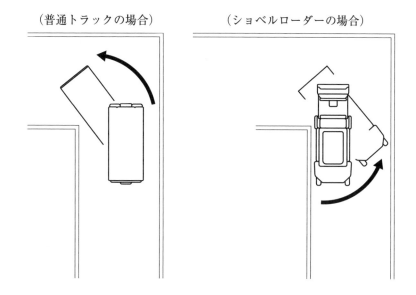

図2－37　曲がり角の旋回

6．後　　　進

　ショベルローダーは普通の自動車と異なり後進する頻度が極めて高い。前進との割合は，半分または4割（後進）6割（前進）程度である。後進時は，リーチ付の車では，アームをいっぱいに後方へ引きよせ，バケットを上向きにして，地面から20～30cmの高さまで下げ，荷物の安定を確認した上で，後ろを振り向きながらグリップ等につかまり，慎重に運転する。

7．通路を横切る時および障害物の通過

　曲がり角や倉庫・構内の出入口など，見通しの悪い場所を通過する時は，必ずいったん停止して，左右の安全を確認した後に慎重に発進することは，自動車の場合と同様である。
　障害物（例えば，石塊，木材，凹地，凸地）はなるべく避けて通るか，または取り除いたうえで通行すること。
　泥地・積雪地など路面状態の悪い場合は，駆動輪である前輪をダブルタイヤにしたり，タイヤチェーンを巻く手段が有効である。

第6節　一時停車・駐車の操作および運転終了時の心得

1．一時停止

(1)　**クラッチ式**

①　アクセルペダルから足を離す。

②　ブレーキペダルを踏む込む。

③　クラッチペダルをいっぱいに踏み込む。

④　前後進レバーと高低速レバーを中立に戻す。

(2)　**トルコン式**

①　アクセルペダルから足を離す。

②　ブレーキペダルを踏み込む。

③　前後進レバーを中立に戻す。

2．駐　　　車

①　駐車ブレーキをいっぱいに引く，または手前に引っぱる。

②　変速レバーを中立にする。

③　バケットを地面まで下降させ，前方にダンプさせ，バケットを水平にして地面につけておく（**図2−38**）。

　　エンジンキーを左へ回し，エンジンを停止させる。

　　運転席から離れるときはキーを抜く。

図2-38 駐車状態図

3．運転終了時の心得

運転終了時には，各部の清掃・点検を行い，いつでも作業できる状態にしておくことが必要である。

(1) 清　掃

① 車の外部をウエスまたはブラシで清掃する。汚れがひどい場合には，水洗いをする。

② エンジンフードを開いて，ほこりをかぶった部分をウエスで拭き取る。

(2) 点　検

① タイヤの傷の有無を点検する。

② 車の外観に異常（凹み，き裂など）がないかどうか点検する。

③ 燃料の残量を点検し，補給する。

④ 作動油，エンジン油，燃料及び冷却水が漏れていないかどうかを点検する。

⑤ ハブナット，各シリンダのピストンロッドの継手にゆるみがないかどうか点検する。

4．運転上の注意

(1) 不注意な運転をしないこと。

運転中はまんべんなく注意を払い，作業は慎重に行うこと。一瞬の不注意が災害のもととなる。

(2) わき見運転をしないこと。

わき見運転は災害を引き起こすもとなので進行方向に注目し，周囲で作業している人に近づくときは注意を促すこと。

(3) 走行路面の状況，橋りょうの強度は事前に調べておくこと。

(4) バケットや車両上に人を乗せて走行しないこと。

万一急停車したときに人身災害を発生させる原因になる。

(5) バケットを必要以上に高く上げて走行しないこと。
　（負荷，無負荷を問わず）バケットを下げて基本走行姿勢で走行すること。

(6) スリップしやすい路面での高速走行・高速旋回・急ブレーキは避けること。

(7) 急斜面を直角に走行しないこと。
　車両が横すべりし，転倒する恐れがある。

(8) 火気の扱いに注意すること。
　車両に火気を近づけると引火する危険がある。

(9)① 車両に乗り降りするときは，必ず車両に向かい合った姿勢をとり，手すりやステップを利用して常に3カ所以上で身体を保持する。
② 車両に飛び乗ったり，飛び降りたりしない。
③ 物を持っての乗り降りはしない。
④ 誤って操作装置につかまらないように気を付ける。

(10) 障害物に気を付けること。
　　障害物のあるところでは，バケットなど車両が接触しないように旋回・走行すること。

(11) 夜間の走行速度を守ること。
　　夜間は遠近感や地面の高低を錯覚しやすいので，照明にあったスピードで走行すること。

第 2 章　取扱いの方法

⑿　上昇させたバケットの下に人を立ち入らせないこと。
　バケットの操作を行うと，人身災害の原因となることがある。

⒀　車両の性能を十分に把握しておくこと。
　バラ物は過積になりやすいので，過荷重（オーバーロード）にならないように注意すること。

⒁　片荷にならないように積込むこと。
　片荷だと，左右の安定不良，車両・油圧装置に無理がかかる。

⒂　坂道での走行に気を付けること。
　積載時の登り坂は前進で，下り坂は後進で走行すること。
　空荷時の登り坂は後進で，下り坂は前進で走行すること。

第3編
ショベルローダー等の荷役に関する装置の構造および取扱いの方法に関する知識

> **この編で学ぶこと**
> 　この編では、ショベルローダー等の荷役に関する装置の構造と取扱いの方法に関する知識を得る。
> 　構造としては、荷役措置、油圧装置、ヘッドガード、フォークローダー、パレットについて学ぶ。
> 　取扱いの方法では、荷重と車両の安定と具体的な作業の方法について学ぶ。

第1章 構造

第1節 荷役装置

　ショベルローダーの作業装置は**図3-1**のように構成されており，リフトアーム①はO点で車体にピン付けされていて，リフトシリンダ⑦が伸縮するとO点を中心として上下に大きくスイングする。リフトアームの先端には，バケットブラケット③がピン付けされており，さらにバケットブラケットのP点にバケット④がピン付けされ，リフトアームの上下スイングによりバケットが上下する。

　ダンプシリンダ⑥は，ダンプシリンダブラケット⑤を介してバケットブラケットに支持されており，さらにシリンダロッドが，バケットにピン付けされている。したがってダンプシリンダが伸縮すると，バケットはP点を中心にして，前後傾する。

①リフトアーム　②コネクティングロッド　③バケットブラケット
④バケット　⑤ダンプシリンダブラケット　⑥ダンプシリンダ
⑦リフトシリンダ

図3-1　ショベルローダー作業装置

第3編　ショベルローダー等の荷役に関する装置の構造および取扱いの方法に関する知識

　コネクティングロッド②の一端は車端に，他端は，バケットブラケットに各々ピン付けされており，この機構により，リフトアームの上下運動の如何にかかわらず，バケットの角度は常に一定に保たれる。

　リーチ機構付ショベルローダーの作業装置は，**図3－2**のように構成されており，**図3－1**の他に，バケットを前後に移動させるためのリーチ機構が追加される。

　リフトアーム①およびコネクティングロッドA②は**図3－1**の場合は車体にピン付けされているが，リーチ付の場合は，各々リーチアーム⑧およびベルクランク⑩にピン付けされている。リーチアーム⑧はQ点で車体にピン付けされており，リーチシリンダ⑪が伸縮すると，Q点を中心として，前後にスイングする。そのため，リフトアーム，バケットなどの装置全体が前後に移動する。

　コネクティングロッドB⑨の一端は車体にピン付けされ，他端はベルクランクにピン付けされ，コネクティングロッドA②を介して，バケットブラケット③に連結されている。この機構により，リーチアームのスイングの如何にかかわらず，バケットの角度は常に保たれる。

　バケットの上下および前後傾の機構については**図3－1**の場合と同じである。

第1章 構造

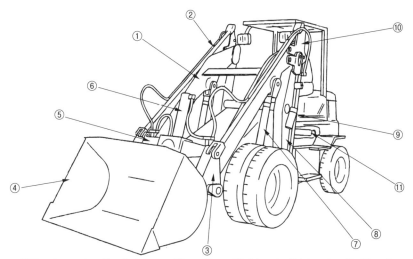

①リフトアーム ②コネクティングロッドA ③バケットブラケット ④バケット
⑤ダンプシリンダブラケット ⑥ダンプシリンダ ⑦リフトシリンダ
⑧リーチアーム ⑨コネクティングロッドB ⑩ベルクランク ⑪リーチシリンダ

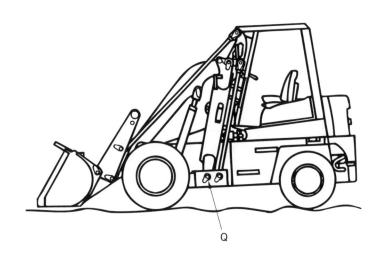

図3-2　リーチ機構付ショベルローダー作業装置

81

第2節　油圧装置

1. 油圧系統

　アームを上下させたり前後させたり，バケットを前後傾させるには，それぞれリフトシリンダ，リーチシリンダまたはダンプシリンダに高圧（7〜20MPa）の作動油を送りこんでピストンを作動させることによって行われる。この油圧回路の系統図を示したのが**図3-3**で，油圧ポンプは高圧の作動油を送り出す働きをし，その先にあるコントロールバルブを操作することによって，リフトシリンダ，リーチシリンダあるいはダンプシリンダへの回路が通じて高圧の作動油が送りこまれて，リフト，リーチ，ダンプが行われる。コントロールバルブを操作せずに中立の位置にある場合は，作動油タンクの油は油圧ポンプにより送り出されるが，そのままコントロールバルブを通り抜けてタンクに戻る。

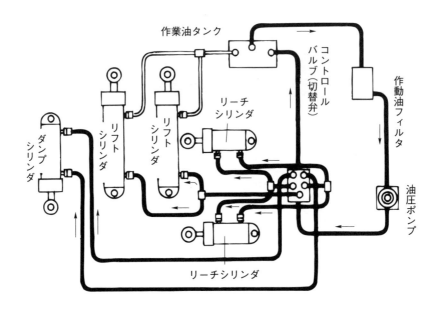

図3-3　ショベルローダー油圧系統図

この油圧回路を流れる作動油にとって最も必要な特性は次のようなものである。
① 粘度が適当であること
② あわが立ちにくいこと（消泡性）
③ さびが生じにくいこと（防さび性）

粘度が高過ぎると，流動性が悪いために，作動不良，あるいは油の過熱を生じ，低過ぎると，各部からの油漏れや潤滑不足を生ずる。

作動油は，通常，一般的使用条件では，油温が80℃程度まで上昇するから熱による酸化安定度が良く，粘度変化の少ないものが必要となる。また，油圧ポンプで加圧，かくはんされると，激しく気泡を生じ，不快音を発することもある。さらに，雨天における荷役で，シリンダを作動することにより，上部から水滴が作動油中に混入することがあり，ピストンやシリンダにさびを発生させ，ひいては腐食させる。したがって，普通，消泡剤，防さび剤などが添加されたものを使用する。

2．油圧ポンプ

油圧ポンプは，普通2個の平歯車を用いたギヤポンプが使用されている（**図3－4**）。これを駆動するためには，エンジンからの回転力を直接または減速装置などを通して，平歯車の片側に伝えている。

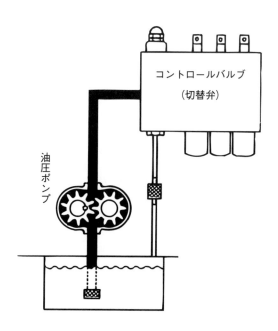

図3－4　油圧ポンプ

もし，作動油タンクの油が少なくなると，ポンプが空気もいっしょに吸い込んで，騒音を発するようになる。また，作動油中に，ごみその他異物が混入すると，油圧ポンプ，あるいは次に述べるコントロールバルブの摺動部分を損傷して油が漏れたり，油圧が上がらなくなることがあるので注意する必要がある。

3．コントロールバルブ

　コントロールバルブは，油圧系統の項で説明したリフトシリンダ，ダンプシリンダへの油圧回路を開閉するリフト弁，ダンプ弁と，油圧回路の異常高圧による破損を防止するための安全弁とからなっている（**図3－5**，**図3－6**）。

　リフト弁，ダンプ弁は，溝のついた棒状の弁で，操作レバーを動かすことによって，弁が上下し，回路が開いたり，閉じたりする。リーチ機構付ショベルローダーの場合はリーチ弁および操作レバーが一組追加される。

　安全弁は，ポンプの吐出圧が，ある規定以上の圧力になると，高圧側の油が安全弁のバネの力に打ち勝って弁を押し上げ，タンクへ戻る低圧側にバイパスさせる働きをする。例えば，ダンプ弁を操作して，バケットを前傾または後傾させていった場合，油圧ポンプから吐出される油は，ダンプシリンダに送られていくが，バケットが最大の位置に達すると，油は行き場所がなくなって圧力が上がり，安全弁を押し開いてタンクへ戻る。このときは，音が変わるのですぐわかる（**図3－7**）。

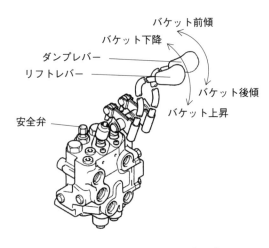

図3－5　コントロールバルブ
（2連・標準形）

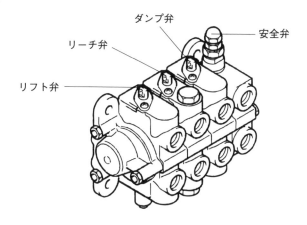

図3-6　コントロールバルブ
（3連・リーチ形）

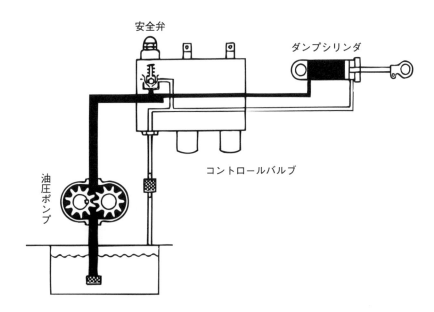

図3-7　安全弁の作動

安全弁が開く圧力は，バネの強さを調整することによって変えられるが，測定器もなく調整することは，異常高圧に対する安全弁としての機能を失うおそれもあり，危険であるから，ふれてはならない。

　コントロールバルブの作動を図解したのが**図3－8**，**図3－9**である。

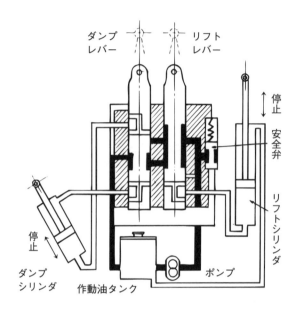

図3－8　中立時のコントロールバルブ作動図

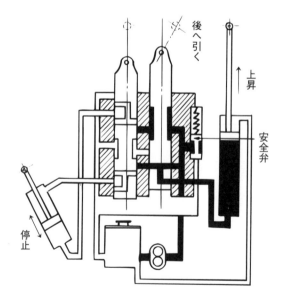

図3－9　リフト上昇時のコントロールバルブ作動図

4．リフト，リーチおよびダンプ

リフトシリンダ，リーチシリンダおよびダンプシリンダの構造は，**図3－10**および**図3－11**に示すように，シリンダと，合成ゴムのパッキンを装着したピストンとから構成されている。

パッキンはシリンダ内面を摺動しながら，高圧の油が漏れないようにする機能をもっており，シリンダの内面は精密に仕上げられ，またピストンロッドにはメッキ仕上げがされている。運転中，誤まってシリンダやピストンロッドに傷をつけると高圧の油が漏れたり，ピストンがつかえたりして，バケットの上下作動に支障をきたすので，注意しなければならない。

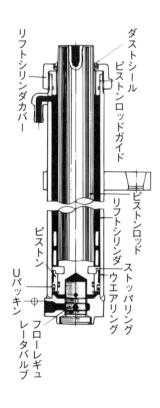

図3－10　リフトシリンダ

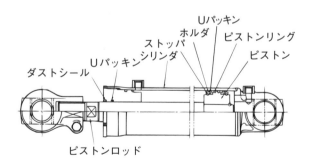

図3－11　リーチおよびダンプシリンダ

第3節 ヘッドガード

1. ヘッドガード

　荷などの落下により運転者が危害を受けるおそれのある場所で使用するショベルローダーは，運転席上部にヘッドガードを装着しなければならないことになっている（安衛則第151条の28）。

　ヘッドガードは，万が一運転者の頭上に荷が落下してきても，安全であるような堅固なものでなければならず，また，運転者席から上方がよく見え，作業に支障のないようなものでなければならない。

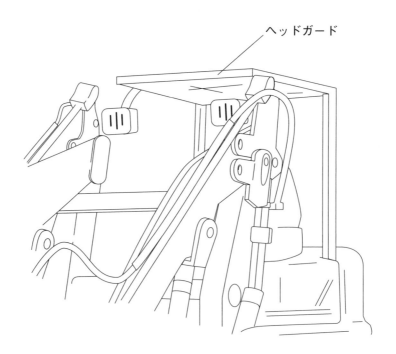

図3-12　ヘッドガード

第4節　フォークローダー

　フォークローダーとは，ショベルローダーのバケットの代わりに，各種のフォークアタッチメントを取り付けたもので，基本的な構造ではショベルローダーとほとんど変わらない。フォークリフトと同じようにパレット荷役をやったり，木材，原木，パイプなどの積込み，積おろし作業を行う。

　フォークリフトに比べ，リーチがあるため，深い位置までフォークが届き，また，前方にマストがないため，視野が広いなどの利点を有する。フォークアタッチメントとしては，**図3－13**～**図3－16**に示すように，パレットフォーク，鋭角ダンピングフォーク，ヒンジドフォーク，ログフォークなどがあり，それぞれの用途により使い分けられる。

フォークリフトと同じような荷役作業ができる。

図3－13　パレットフォーク

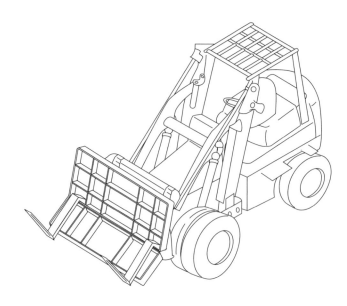

フォーク，フォークバー，バックレストが溶接一体構造でバックレストがフォークに対し前傾している。木材，原木等の荷役に適している。

図3-14　鋭角ダンピングフォーク

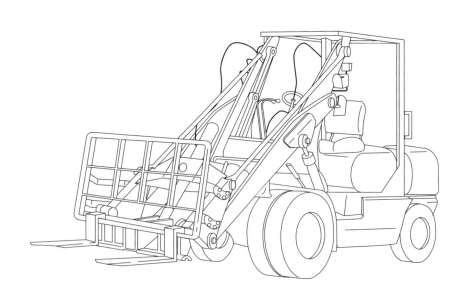

フォークとバックレストが油圧シリンダによって折れるようになっている。フォークを折らずにバックレストと直角に使えば，通常のフォーク作業ができ，汎用性がある。

図3-15　ヒンジドフォーク

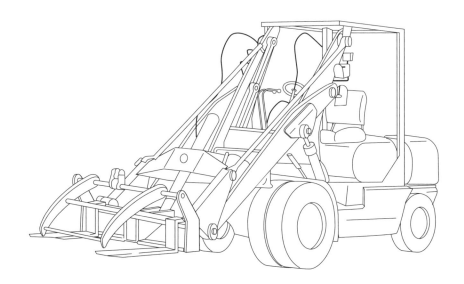

フォークの上の荷をクランプアームで上から押さえることができ,長尺物の落下やふらつきを防止できる。

図3－16　ログフォーク

第5節　パレット

　フォークローダーで荷を取り扱う場合,数量の多い荷を一つの単位として取り扱うことのできるパレットを利用することが多い。パレットを利用して物品を荷役・運搬し,保管したり輸送する作業方式をパレチゼーションといい,能率のよい近代的方法として広く普及している。

　パレットを上手に使うことが,運転者として必要であり,JISに各種のパレットについて規定があるのでそれをもとに簡単に説明する。

1．パレット各部の名称

(1) デッキボード

　上面および下面を構成する板状の部材をデッキボードといい,特にパレットの両端にあるものをエッジボードという。

第３編　ショベルローダー等の荷役に関する装置の構造および取扱いの方法に関する知識

⑵　け　　　　た

パレットの全長にわたりデッキボードを結合して支持し，差込口を構成する部材をいう。また，デッキボードとブロックを結合する板状の部材をけた板という。

⑶　ブロック

四方差しパレットの差込口を構成する柱状の部材をいう。

⑷　差込口

フォークやパレットトラックのフィンガなどを差し込むパレットの開口部をいう。

⑸　面取り部

フォークやパレットトラックのフィンガを差し込みやすくするために，デッキボードのりょう（稜）に傾斜をつけた部分をいう。

⑹　翼^{よく}

デッキボードが，けたやブロックから突出している場合に，この部分を翼という。クレーン用器具によってつり上げられるために設けられたもの。

⑺　長さ，幅および高さ

けたまたはけた板の長さ方向の寸法をパレットの長さといい，これと直角方向の寸法をパレットの幅という。けたまたはけた板のないパレットにおいては，長手方向の寸法を長さという。また，接地面から積載面（荷物を載せる面）または上部構造物までの寸法をパレットの高さという。

２．パレットの形式と種類

パレチゼーションの普及によって，使用されているパレットの種類も，千差万別であるが，大別すると，平パレット，ボックスパレット，ポストパレットおよびシートパレットの４種類に分けられる。ここでは平パレットとボックスパレットについて説明する。

また，材質については，木製の平パレットが一般的に広く使用されているが，金属製やプラスチック製のパレットも普及している。

⑴　平パレット

図３−17に示すような上部構造のないフォークなどの差込口をもつパレットをいう。

92

第1章 構造

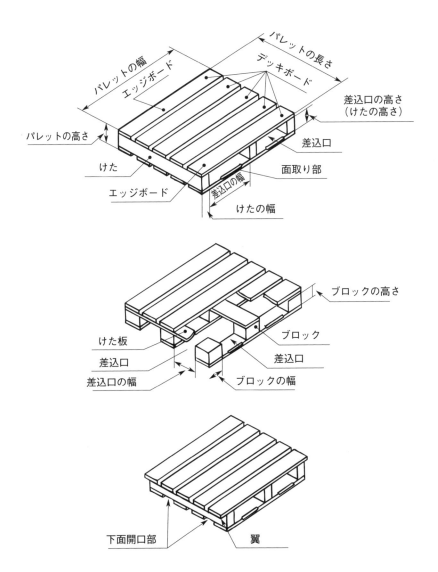

図3－17 平パレット

平パレットは，形式別に，**図3-18**のように9種類に分類される。

イ　単　面　形

　　デッキボードが上面だけにあるもので，一般に荷物を積んだままの積み重ねはしない。

ロ　片面使用形

　　デッキボードは両面にあるが，積載面は片面のみで，下面はデッキボードの間隔（下面開口部という。）が広くなっている。

　　荷物を積み付けたまま，2段あるいは3段と積み重ねができるが，袋入りの荷物などの場合，下面デッキボードの間が大きいため，荷物を傷つけぬよう注意する必要がある。

ハ　両面使用形

　　デッキボードが両面にあり，かつ両面とも荷物の積載面として使用できるものである。いろいろな荷姿の荷物でも積み重ねができ，また，ローラコンベヤ上を移動させることもできる。

ニ　翼　　　形

　　翼のついたパレットをいい，片面だけに翼があるものを単翼形パレット，両面に翼があるものを複翼形パレットという。

ホ　二方差し

　　差込口が相対する2方向だけにあるパレットをいう。

ヘ　四方差し

　　差込口が前後左右の4方向にあるパレットをいう。また，フォークなどを差し込むために，けたをくり抜いて，補助的に差込口を設けた四方差しパレットもあり，これをけたくり抜きパレットという。

(2)　**ボックスパレット**

　　ばら物等を運搬するために，パレットの上部の3面または全面に鉄板，パイプ，金網等による囲いを設けたもので，囲いは固定式のほかに取り外しや折りたたみの可能なものがあり，ふた付きのものもある（**図3-19**）。

第1章 構造

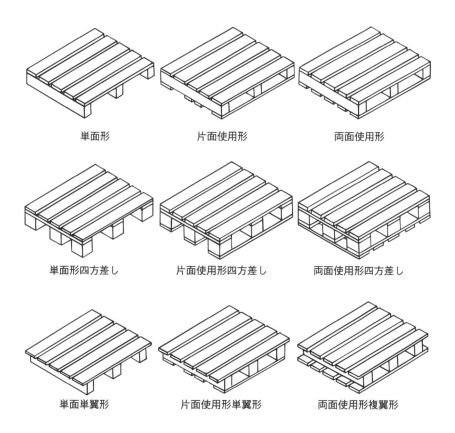

図3−18 平パレットの種類

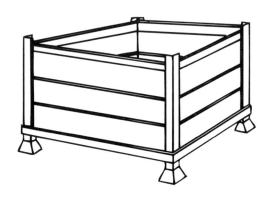

図3−19 ボックスパレット

3．パレット積付けパターン

パレットに荷物を積み付ける際の配列の方式には，通常次の4種類がある。

(1) **ブロック積み**

各段の積付けの形と方向がすべて同じ方式をいう。棒積みまたは列積みともいう（**図3-20**）。

(2) **交互列積み**

一つめの段では物品はすべて同じ方向に並べられるが，次の段では，90°方向を変えながら交互に積み重ねる方式をいう（**図3-21**）。

(3) **ピンホイール積み**

中央に空間を設け，それを取り囲み，風車形に積み付ける方式をいう。通常各段を交互に向きを変えながら積み重ねる（**図3-22**）。

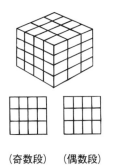

図3-20　ブロック積み

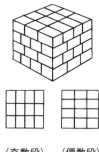

図3-21　交互列積み

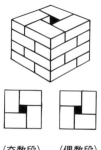

図3-22　ピンホイール積み

(4) **れんが積み**

　一つめの段では物品を縦横に組み合せて積み，次の段では，これを180°方向を変えながら交互に積み重ねる方式をいう（**図3－23**）。

　また，れんが積みの場合に物品相互間に空間ができるものをスプリット積みという（**図3－24**）。

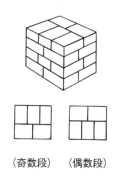

（奇数段）　（偶数段）

図3－23　れんが積み

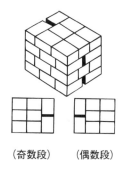

（奇数段）　（偶数段）

図3－24　スプリット積み

第2章 取扱いの方法

第1節 荷重と車両の安定

まず，ショベルローダーでの作業の基本的な問題である，積載荷重と車両の安定について簡単に説明する。

1．荷重と車両の安定

① 図3−25に示すようにショベルローダーは，前輪中心を支点として，後輪荷重と前輪より前方の重量とを，天秤にかけたようなもので，$w × \ell_2$が$W × \ell_1$を超えると，前方に転倒することになる。したがって実際に積載し得る荷重は，これより少なく定められた許容荷重を守らなければならない。なおリーチして$\ell'_2 > \ell_2$となる場合には，$W × \ell_1$が一定なので，w'はさらに減少する。なお，リーチ機構付車の場合，リーチ最小時とリーチ最大時とでは積載量にかなりの差が生じるので機械の能力を熟知して過ちのないようにする。

参　考　最大荷重　2,300kgの車両の場合例

リーチ最小時　2,300kg　　リーチ最大時　1,500kg

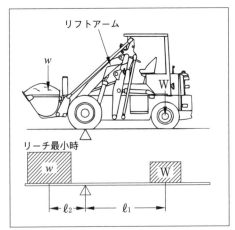 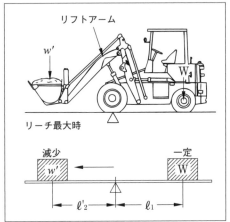

図3−25　荷重と車両の安定

② 積載時は出来るだけリフトアームを低く下げ，バケットを手前にいっぱい引き寄せて走行すること。

　バケットを高く上げたままで走行すると，重心位置の変化により，悪路や急ブレーキの際転倒する危険が増大する。また，リフトアームを水平にして走行することは，視界のさまたげになり危険であるから避けなければならない。

③ 規定の荷重を積んだときでも，図3-26のように，左右偏心して積むと，左右の安定が悪くなり，また車体の片側だけに無理がかかるので，図3-27のように，荷重の中心（重心）が車体の中心線と一致するように積まなければならない。

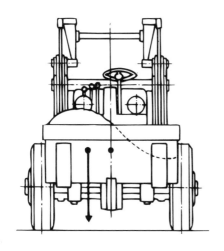
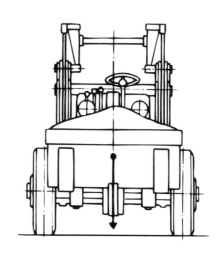

　　図3-26　左右偏心　　　　　　　図3-27　重心が中心線と一致

2．他の分類の車両との違い

　このテキストで説明している２輪駆動方式の「ショベルローダー」「フォークローダー」は４輪駆動方式のトラクターショベル，ローダー（車両系建設機械に分類されるもの）と類似のバケットやフォークが装着されているが，安定度の基準が違う。このような異なる分類の車両から乗り換えて「ショベルローダー」「フォークローダー」を運転操作する場合は，特に安定度や車両性能に十分注意が必要である。

第２節　作業方法

１．路面の整備

　作業能率を上げるために，まず作業場付近の路面を整備する。

　堆積物付近の路面に凹凸が多いと，**図３－28**のようにバケットが路面の起伏に沿って上下して進むので，堆積物が思うようにバケットに入らず，すくい込み操作能率を著しく低める。

　それゆえ作業前には，多少の時間と労力をさいても作業場付近の路面を整地しておくことが作業能率を高めると同時に，車体各装置に無理をかけず故障を減らす上でも必要である。

図３－28　凹凸の多い路面

2．すくい込み

① リーチ機構付ショベルローダーの場合，リーチは一番手前にしておく。リーチレバーはすくい込み作業時には使用しない方が操作しやすい。しかし，すくい込み抵抗が大きく，リーチを操作した方が良く入る場合にはリーチレバーを操作する。

② バケットは水平またはやや下向きにする。地面に対するバケットの角度が上向き過ぎると突込みに従い前輪にかかる荷重が減少し，タイヤがスリップして十分な駆動力が発揮出来ず，十分なすくい込みができない。またタイヤの早期摩耗の原因ともなる。このような場合には，バケットをもう少し下向きにして前輪に荷重がかかるようにする。

③ バケットを堆積物に直角に向け（**図3－29**）突込む。

　図3－30のように斜めに突込んで行くと，バケットの片側だけに無理な力がかかり，故障の原因になり，また偏荷重の原因にもなる。

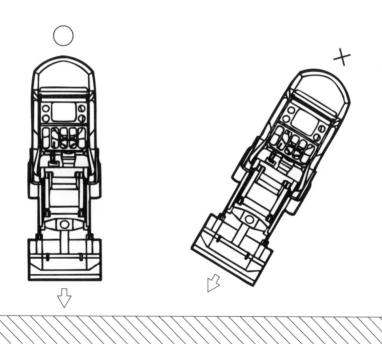

図3－29　直角の場合　　　　　図3－30　斜めの場合

④ 突込み時，クラッチ車の場合は，多少助走距離をとって車を加速し，堆積物に突込み，さらに，半クラッチ操作により，エンストしないように前進する。トルクコンバータ付車の場合は，助走の必要はなく，堆積物に到達したら，アクセルペダルをいっぱいに踏み込んで前進する。

⑤ 車の前進が止まったら，バケットのダンプ角度をわずかに上向きにするか，または若干リフトして，突込み抵抗を減じてやれば車は再び前進する（特に，車が停止しても，なお前進させるとタイヤがスリップし，タイヤを著しく損傷させるから注意すること。）。

　こうしてアクセルペダルをいっぱいに踏み込んで，リフトとダンプ角度をわずか上向きにする操作を交互に繰り返すと，荷役物（バラ物）を十分にすくい込むことができる（図3-31）。

⑥ すくい込んでから走行に移る前には，必ずリーチレバーを引いて，バケットが最も手前に来ているかどうかを確認する。

図3-31　すくい込み

3. 運　　搬

① 積載時の走行に当たっては，空車時と比較して後輪の荷重は減少しているから速度には十分注意しなければならない。

② バケットを上昇させたまま走行することは安定が悪く，また前方の視界を妨げることになり非常に危険であるから，リフトはできるだけ低く下げ，バケットを引き寄せて走行する。

③ 上方の障害物との間に十分な隙き間があるかどうか常に注意を払って運転する。

④ 曲り角を曲がるとき，普通の自動車では前輪でかじをきるが，ショベルローダーでは後輪操向なので，**図3－32**のように内側いっぱいに回らぬと後部が大きく振れて車両後部が外壁に当たる。なお旋回時には速度を落とすとともに，急速な旋回を行わないようにする。

⑤ 積載時，荷役物を高く上げて走行することは絶対に避けること（やむを得ない場合は特に注意して静かに走行する。）。

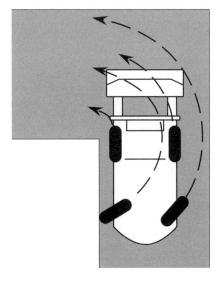
ショベルローダー

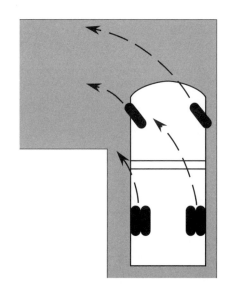
普通トラック

図3－32　曲り角の曲がり方

4．積込み

① バケット内容物を，トラックや貨車に積み込む場合は，まず必要なだけリフトし，車体を静かに前進させ，積込み位置で停車させてからダンプを行う。この場合，リーチ機構付ショベルローダーでは必要に応じてリーチ操作をする。リフトあるいはリーチをしながら前進または後進をすると車体の前後安定が不安定となり前に転倒するおそれがあるから，このときは慎重に行わなければならない。特にリフト，リーチをしながら急停車してはならない。

水分の多い粒状物をダンプするときは，静かにダンプしたのでは，バケットの隅角部に荷が付着したままになるから勢いよくダンプすることである。

② バケット内容物をトラックや貨車にダンプするときは，トラックの荷台または貨車に対するバケットの位置をよく考えてダンプする。

図3-33のようにバケットを上向きにしているときは，内容物が落ちる位置が

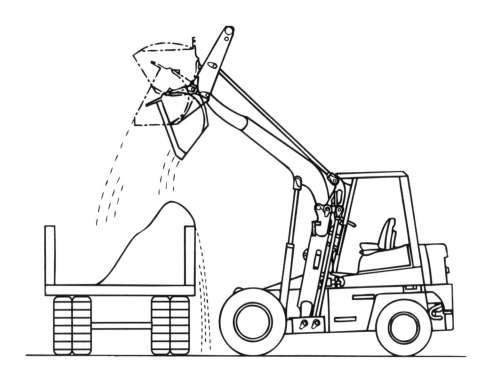

図3-33　ダンプするとき

良いように思われても，下向きにダンプすると落ちる位置は手前になるので，内容物が荷台などからこぼれ落ちることがある。

③　ショベルローダーによって物をトラックに積むときの要領は**図3-34**のようにいろいろな方法があり，(a)が最も一般的な方法であるが，環境条件によっては(b)，(c)，(d)の作業方法が行われる場合もある。

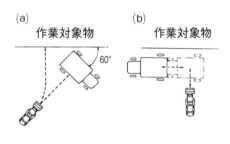

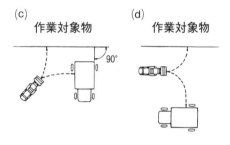

図3-34　物を積むときの要領

5．リーチ機構付ショベルローダーの特徴

リーチ機構を備えたショベルローダーは，次のような荷役作業上の特徴がある（図3－35）。

① リーチを繰り出す（リーチアウトする）と大きなリーチ量となるため，トラックの荷台などの奥に一方向からの作業で荷物を積み込んだり，すくったりすることが可能または，可能範囲が広げられる。

② バケット（またはフォーク）をリーチアウトして最大揚高まで上げると，リーチ繰込み（リーチイン）時よりも大きなダンピングクリアランス（排出時のバケット高さ）となり，作業範囲が大きく広がる。

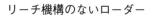

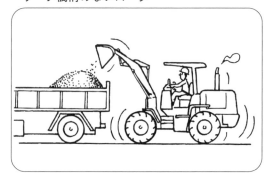

図3－35　リーチ機構付ショベルローダーとリーチ機構のないローダー

6．取扱い上の注意事項

① バケット，フォークおよびアームに荷を吊って運搬すると荷が前後，左右に大きく振れ安定を失い災害発生の原因となるのでこのような行為をしてはならない。

② バケットおよびフォークの先端でトラック，貨車などを押すと当てた所が不安定で外れることがある。外れると車両は意外な方向に走り，周囲のものに危害を加えるおそれがあるので，このような行為をしてはならない。

③ バケット，フォークおよびアームの先端にワイヤーなどを掛け，トラック，貨車などを引くと被けん引物が重かったりまた引掛かったりして逆に引き倒されるおそれがあるのでこのような行為をしてはならない。

④ 2台で相持ち，相つり作業を行おうとするとお互いの呼吸が合わないと偏荷重または荷崩れが生じ，転倒および周囲のものに危害を加えるおそれがあるのでこのような行為を行ってはならない。

荷役対象物重量表（参考）

（単位：kg）

内容物		0.6	0.8	0.9	1.0	1.1	1.2	1.4	1.5	1.8	2.0	2.4	3.0
①	コ ー ク ス	300	400	450	500	550	600	700	750	900	1000	1200	1500
	石 炭 ガ ラ	300	400	450	500	550	600	700	750	900	1000	1200	1500
	れ き 青 炭	510	680	770	850	940	1020	1190	1280	1530	1600	2040	2550
	無 煙 炭	600	800	900	1000	1100	1200	1400	1500	1800	2000	2400	3000
②	乾 粘 土	780	1040	1170	1300	1430	1560	1820	1950	2340	2600	3120	3900
	乾 土	960	1280	1440	1600	1760	1920	2240	2400	2880	3200	3840	4800
	乾 砂	1050	1400	1580	1750	1930	2100	2450	2630	3150	3500	4200	5250
	湿 粘 土	1080	1440	1620	1800	1980	2160	2520	2700	3240	3600	4320	5400
	湿 砂	1140	1520	1710	1900	2090	2280	2660	2850	3420	3800	4560	5700
	湿 土	1200	1600	1800	2000	2200	2400	2800	3000	3600	4000	4800	6000
	砂 利	1200	1600	1800	2000	2200	2400	2800	3000	3600	4000	4800	6000
③	け つ 岩	930	1240	1600	1550	1710	1860	2170	2330	2790	3100	2720	4650
	石 灰 岩	960	1280	1440	1600	1760	1920	2240	2400	3080	3200	3840	4800
	砂 岩	1080	1440	1620	1800	1980	2160	2520	2700	3240	3600	4320	5400
	花 こ う 岩	1080	1440	1620	1800	1980	2160	2520	2700	3240	3600	4320	5400
	砕 岩	1140	1520	1710	1900	2090	2280	2660	2850	3420	3800	4560	5700
④	セ メ ン ト	900	1200	1350	1500	1650	1800	2100	2250	2700	3000	3600	4500
	生コンクリート	1380	1840	2070	2300	2530	2810	3720	3450	4140	4600	5520	6900
	コンクリート（破砕片）	1320	1760	1980	2200	2420	2640	3080	3300	3960	4400	5280	6600
	鉄 鉱 石	1500	2000	2250	2500	2750	3000	3500	3750	4500	5000	6000	7500
	ガ ラ ス	1500	2000	2250	2500	2750	3000	3500	3750	4500	5000	6000	7500
⑤	塩	330	390	500	550	610	660	770	830	990	1100	1320	1650
	麦 ・ 大 豆	420	560	630	700	770	840	980	1050	1260	1400	1680	2100
	砂 糖	490	660	740	820	910	984	1150	1230	1480	1640	1970	2460
	玄 米	510	680	770	850	940	1020	1190	1280	1530	1700	2040	2550
	魚 ・ 野 菜	600	800	900	1000	1100	1200	1400	1500	1800	2000	2400	3000
	肥 料	720	960	1080	1200	1320	1440	1680	1800	2160	2400	2880	3600

ショベルローダー等の
運転に必要な力学に関する知識

この編で学ぶこと

　この編では、ショベルローダー等の各部に働く力について知る。
　ショベルローダー等の転倒を防止し安全に保つために質量・重さ・重心・物の安定について学ぶ。
　また、物体の運動（速度、加速度、慣性、遠心力、摩擦）、部材に作用する荷重、応力および材料の強さについて学ぶ。

第1章 力

第1節　力

　おもりのついた細いひもを，**図4－1**のように指先に吊るすと，おもりはまっすぐに吊り下がり，手はおもりの重さで下方に引かれる。また，そのおもりの大きさを変えると，手はちがった強さを感ずる。この手に感ずる強さを，力学上では「力」という。

　この力には，「大きさ」・「方向（向きを含む。）」・「作用点」の3つの要素があり，これを「力の要素」という。

　この要素をひもとおもりの例でいえば，力の方向はおもりをまっすぐに吊るしたひもの向きであり，力の大きさは指に感じた強さであり，力の作用点は，ひもをつけた指になる。すなわち，力は手の指を作用点として，ひもの方向に，おもりとひもの重量に等しい大きさで働いたということである。

　力を図で表す方法は，**図4－2**に示すように，力の作用点Aから，力の方向に線

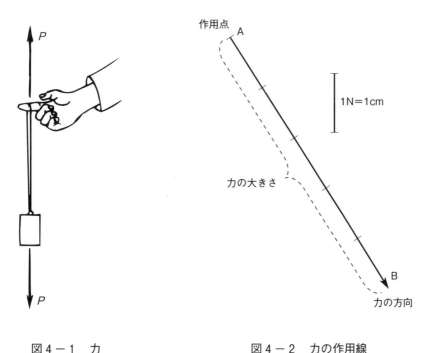

図4－1　力　　　　　　　　図4－2　力の作用線

分ＡＢを描き，Ｂ点に矢印をつけて力の向きを示し，ＡＢの長さを力の大きさに比例した長さ（例えば，１Ｎを１cmの長さに決めておけば，５cmの長さは５Ｎということになる）にとる。この直線ＡＢを「力の作用線」という。

1．力の合成

物体に２つ以上の力が作用しているときには，その２つ以上の力を，それと全く同じ効果を持つ１つの力に置き替えることができる。この置き替えられた１つの力を，前の２つ以上の力の「合力」といい，その合力に対して，前に物体に作用していた２つ以上の力をそれぞれ「分力」という。

このように，いくつかの合力を求めることを「力の合成」という。

図４－３のように，力の大きさと向きの異なった２つの力 P_1 と P_2 とがＯ点に作用するときの合力は P_1，P_2 を２辺とする平行四辺形の対角線 OD として，その大きさおよび向きを求めることができる。これを力の平行四辺形の法則という。**図４－４**のように１点に３つ以上の力が作用している場合の合力も，上述の方法を繰り返すことによって求めることができる。

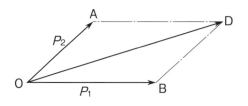

図４－３　力の合成

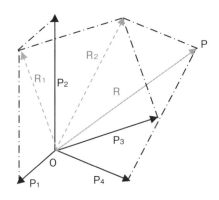

図４－４　多数力の合成

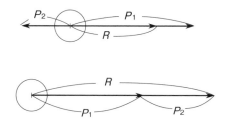

図4-5　2力の合成

　図4-5のように，2つの力が一直線上に作用するときは，その合力の大きさは，それらの和（同方向の力）または差（反対方向の力）で示される。

2．力の分解

　力の平行四辺形の法則を利用して，1つの力をたがいにある角度をなす2つ以上の力に分けることもできる。

　このように，1つの力をたがいにある角度をなす2つ以上の力に分けることを「力の分解」という。

3．平行力の合成

　物体に作用する2つの平行した力の合力を求める場合を考えてみよう。

　物体上のA点およびB点にそれぞれ平行な力 P_1 と P_2 が作用しているとする。いま図4-6のように，向きが反対で大きさの相等しい力 P_3，$-P_3$ をそれぞれA点とB点に作用したと仮定しても，物体に与える効果に変わりはない。

　そこで，P_1 と P_3 および P_2 と $-P_3$ の合力をそれぞれ P'_1 および P'_2 とし，P'_1 と P'_2 の合力Rを求めると，Rは P_1 と P_2 の合力である。その大きさは P_1 と P_2 の和，その方向は P_1 および P_2 に平行である。

　ショベルローダー，フォークローダーが荷物を積んで静止している場合について考えてみよう。

　すなわち，ショベルローダー，フォークローダー自体の質量による重力は，その重心を作用点として，垂直に働いている。バケット，フォークに積み込まれた物体の質量による重力は，同じくその物体の重心を作用点として，垂直に働いている。

この2つの力は、平行した同じ方向の力であって、この合成された力がショベルローダー、フォークローダーの4輪で支えられている（**図4−7**）。

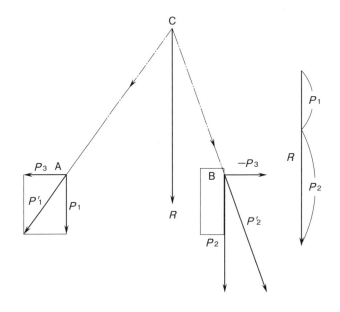

図4−6　平行力の合成

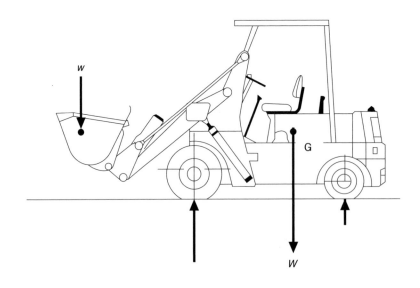

図4−7　ショベルローダーに作用する力

第2節　力のモーメント

ナットをスパナでしめるとき，スパナの柄の端に近いところを持ってしめた方が同じ強さの力でもよくしまる。また，力を加える方向がスパナに直角のときに最大になる。てこで物を起こす場合は，長い棒を使って物の方にできるだけ支え物を近づけ，手もとを長くして起こした方が，より大きな力がでる（**図4－8**）。このことは，スパナに力を加えた作用点と柄の長さおよびてこの場合の手もとの棒の長さに関係があるからである。

いま，**図4－9**において一つの力の方向をAPとし，ある点Oよりこれに垂直線OAを引きその長さをℓとすれば，力PがO点に対して回転運動を与えようとする作業は，力Pとℓなる長さの積$P\ell$をもって表される。このかけ合わせた力$P\ell$を力Pの点Oに対するモーメントという。

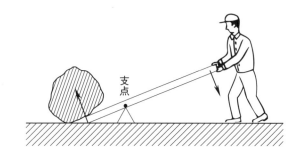

図4－8　てこ

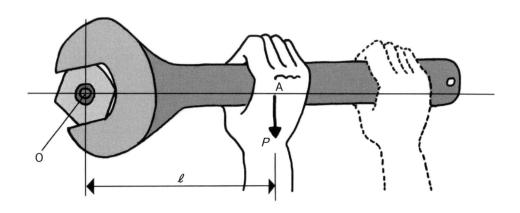

図4－9　力のモーメント

すなわち、「モーメント」とは、力と距離の積であって、その単位は、N·m、kN·m などをもって表される。

ショベルローダーおよびフォークローダーについて、このモーメントを考えてみよう（**図4－10**）。

いま、ショベルローダーおよびフォークローダーが質量 w kg の荷物をバケット、フォークに積んでいるとする。ショベルローダー、フォークローダー自体の質量を W kg とすれば、その質量はショベルローダー、フォークローダーの重心（または質量中心）Gにかかっているとみてよいので、その重心Gからショベルローダー、フォークローダーの前輪までの距離を ℓ_1 m とすれば、前輪に対するショベルローダー、フォークローダー自体のモーメントは $9.8W\ell_1$ N·m (注)である。一方、積み荷の重心から垂線をおろし、前輪までの水平距離を求めて ℓ_2 m とすると、前輪に対する積み荷のモーメントは $9.8w\ell_2$ N·m である。

したがって、ショベルローダー、フォークローダーが前に倒れることのないようにするためには、次の不等式であることを要する。

$$W\ell_1 > w\ell_2 \text{ または } W\ell_1 / w\ell_2 > 1$$

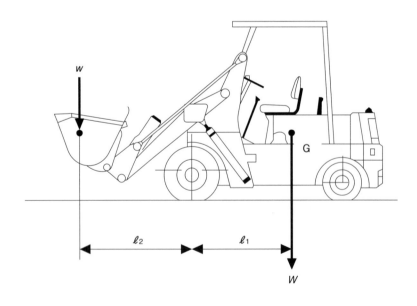

図4－10　ショベルローダーに作用するモーメント

（注）　9.8は重力の加速度（m/s²）であり、ここでは物体の質量（kg）を荷重（N）に換算するための係数である。

第1章 力

すなわち，$w\ell_2$は常に$W\ell_1$より小さくなければ，そのショベルローダー、フォークローダーは運転できない。

さらに，下り坂をショベルローダー，フォークローダーが前進でおりるときは，重心の高さによって，$\ell_1 : \ell_2$の長さの比が変わるので，モーメントの値が変わり，転倒しやすい状態になる。このことはさらに**第2章第3節2**において説明する。

第3節　力のつり合い

運動会の綱引きのとき，両方の組の力が等しいときは，綱の中心点は左右のいずれにも移動しない。

おもりのひもを天井のはりに結びつけて吊るすと，おもりはまっすぐ下方に吊るされて止まる。

この場合，おもりは重力でひもを下方に張っているが天井のはりは，その重力の方向と正反対の同じ強さの力で，ひもを引張っているからである。綱引きの場合でも同様に，綱には力が加えられているが，綱の中心を境にして，全く等しい正反対の力が働き合うときは，その中心点は動かない。これらを「力のつり合い」状態にあるという。

物体に力が作用していて，その物体が等速直線運動を続けている間においても，力がつり合っているという。

1．1点に作用する力のつり合い

1物体に，多数の力が同時に働くときには，それらの力の合力が働いた場合と同じである。

例えば，**図4－11**のように，7，8，6，10Nの4つの力が物体の1点に働くときは abcde と描いて，a と e を結べば，その ae は4つの力の合力であり，その向きは ae の方向である。すなわち，4つの力が同時に働くときと合力 ae が働くのとはまったく同じであるので，これと大きさが同じで，方向は逆の力（**図4－11**点線の力(5)）が作用すると物体は移動しない。このような場合に，それらの力は「つり合っている」という。

もしも，始めの a 点と終りの e 点とが重なって，ae が 0 となれば，合力は 0 であって，その結果は力が少しも働かぬときと同じ状態にある。

117

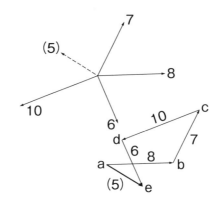

図4−11　1点に作用する力のつり合い

2．平行力のつり合い

　天びん棒で荷をになう場合，両方の荷の重量が等しいときは天びん棒の中央をになうが，荷の重量が異なると重い荷の方を肩に近寄せる。これはモーメントをつり合せるための工夫である。

　すべての正のモーメントの合計がすべての負のモーメントの合計に等しいとき，すなわち，物体に作用するすべての力のモーメントの代数和が0に等しいとは，回転の軸を持つ物体はつり合っているといえる。

　図4−12において，肩を軸とする力のモーメントを考えよう。いま，荷の重量をそれぞれ P_1, P_2, 荷を下げた点と肩との水平距離をそれぞれ a, b とすれば，

　左側のモーメントは $M_1 = -P_1 \times a$

　右側のモーメントは $M_2 = P_2 \times b$

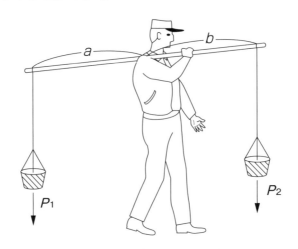

図4−12　天びん棒でのつり合い

この力関係を図示すると**図4−13**になる。O点のまわりのモーメントのつり合いの条件から，

$M_1 + M_2 = 0$

$-P_1 \times a + P_2 \times b = 0$

$P_1 \times a = P_2 \times b$

$P_1 \times a = P_2 \times (\ell - a)$

$a \times (P_1 + P_2) = P_2 \times \ell$

$a = \dfrac{P_2}{P_1 + P_2} \times \ell$

すなわち，天びん棒を荷の重量 P_1，P_2 の逆比に内分したところに肩をもってくれば，天びん棒はつり合う。もちろん，肩は $P_1 + P_2$ の重さを支えているのである。

図4−14は，天びん棒を荷の重量 P_1，P_2 の逆比に内分する点，すなわち，つり合う点を図式で求める方法を示したものである。

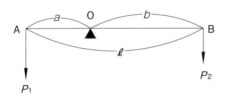

図4−13　天びん棒がつり合う条件

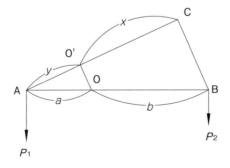

図4−14　天びん棒がつり合う点を求める図式

第4編　ショベルローダー等の運転に必要な力学に関する知識

3．平面上にある多数の力のつり合い

　一つの平面上において物体に多数の力が作用してこれがつり合っているとすれ
ば，物体は静止している。このような場合，多数の力の間に次の関係が成立してい
る。

　①　すべての力の合力は 0 である。

　②　任意の 1 点を軸とするすべてのモーメントの代数和は 0 である。

第2章　質量・重さおよび重心

第2章　質量・重さおよび重心

第1節　質量・重量

1. 質　　量

　同一の物体を地球上で持った場合と月面上で持った場合では、手に感じる重さは異なるが，物体の量は変化しない。このように場所が変わっても変化しない物体そのものの量を「質量」という。

　質量の単位は，キログラム（kg），トン（t）等で表す。**表4－1**は，いろいろな材質の物の単位体積当たりの質量のおおよその値を示している。

　この表を利用すれば，その物体が均質であって，その体積 V が分かっている場合には，次の計算式により質量 W を知ることができる（**表4－2**）。

$$質量 \ W(\mathrm{t}) = 1 \mathrm{m}^3 当たりの質量 \times 体積 \ V(\mathrm{m}^3)$$

表4－1　種々の物の単位体積質量表

物の種類	1m³当たり質量(t)	物の種類	1m³当たり質量(t)	物の種類	1m³当たり質量(t)
鉛	11.4	コンクリート	2.3	あ か が し	0.9
銅	8.9	れ ん が	2.2	け や き	0.7
鋼	7.8	土	2.0	ぶ な	0.7
す ず	7.3	礫	1.7	く り	0.6
鋳 鉄	7.2	砂	1.8	あ か ま つ	0.5
亜 鉛	7.1	石 炭 塊	0.8	か ら ま つ	0.5
銑 鉄	7.0	石 炭 粉	1.0	杉	0.4
アルミニウム	2.7	コ ー ク ス	0.5	ひ の き	0.4
粘 土	2.6	水	1.0	き り	0.3

（注）木材の質量は気乾質量，石炭，コークスは見かけ単位質量。

第4編 ショベルローダー等の運転に必要な力学に関する知識

表4－2 体積の略算式

物体の形状		体積略算式
名称	図形	
直方体		縦×横×高さ
円柱		(直径)²×高さ×0.8
円盤		(直径)²×厚さ×0.8
球		(直径)³×0.5
欠球		(高さ)²×（直径×3－高さ×2）×0.5
円すい体		(直径)²×高さ×0.3

2．重　　さ

　手に持った物体の重さを感じるのは，地球の引力により物体が地球の中心に向かって引っ張られるからである。この手が地球上で感じる物体の重さは，その物体に重力の加速度が作用することで生じている地球の中心に向かう力であり，その単位は，ニュートン（N），キロニュートン（kN）で表す。

　質量1kgの物体の重力の加速度（9.8m／s²）のもとでの重さは，

$$1（kg）×9.8（m／s²）＝9.8N$$

となり，例えば，質量 W kgの物体の重量は9.8 W N となる。

122

第2章　質量・重さおよび重心

３．荷　　重

　"荷重"は本来は力を意味する用語である。したがって，荷重の単位はニュートン（N），キロニュートン（kN）で表す。例えば，「引張荷重」や「衝撃荷重」等は，力を示しており単位は，ニュートン（N），キロニュートン（kN）で表す。

　ただし，法令等の中で，「定格荷重」や「つり上げ荷重」等のように質量を表すものであっても「○○荷重」という用語を用いている場合もあるので注意が必要である。

４．比　　重

　物体の質量と，その物体と同体積の4℃の純水の質量との比を，その物体の比重という。

　4℃の純水の質量は，1ℓのとき1kg，1㎥のときは1tであるから，**表4－1**の単位体積質量表は，同じ体積ならば，水に比べて何倍になるかを示していることになる。

第2節 重　心

1. 重心または質量中心

　物体の各部に働いている重力が，見かけ上そこに集まって作用する点をその物体の「重心（または質量中心）」という。

　例えば，均質な棒ではその中心，一定厚さの円板では円の中心にこのような点があるので，棒や円板の重さと等しい力でそこを支えると棒や板は水平に安定する。また，物体を宙に吊るすと，吊るした点から引いた垂直線上に，重心がきて物体は静止する。したがって，物体の重心は，その物体の別々な点で吊るしたときの垂直線の交わる点で求めることができる（**図4-15**）。

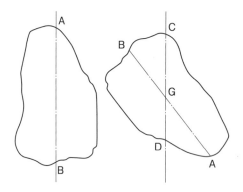

図4-15　重心の求め方

第3節　物の安定（すわり）

　静止している物体を少し傾け手を離したとき，物体が元に戻ろうとするときは，その物体は「安定」（すわりがよい。）しており，さらに傾きが大きくなるときは，その物体は「不安定」（すわりが悪い。）であるという。また，そのままの状態で静止するときは「中立」であるという。

1．安定の条件

　図4-16のように，物体を点Aを支点として少し傾けたとき，物体の重心（または質量中心）は，G_1からG_2に移る。このとき，物体には，A点に対して物体の質量Wと，重心のA点に対する水平距離ℓ_2に対応したモーメント$W\ell_2$が働くようになる。このモーメントは図(イ)においては物体を元に戻そうとするよう働くので，物体は安定し，図(ロ)では物体をますます傾けるように働くので，物体は不安定となる。物体を少し傾けたとき，安定させる側にモーメントが生ずるときは安定しており，転倒させる側にモーメントが生ずるときは不安定である。

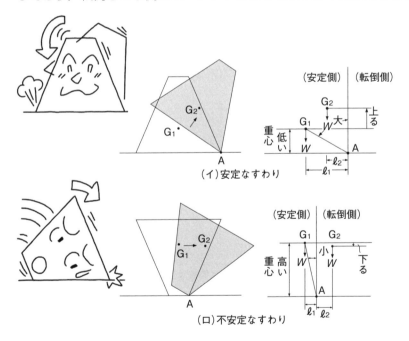

図4-16　物の安定

第４編　ショベルローダー等の運転に必要な力学に関する知識

表４－３　基本形の重心（または質量中心）の位置

形状		求　め　方	位　置
平面形	三角形	三中線の交点，または三角形の一辺の中点よりそれに対応する中線の3分の1のところにある	
	平行四辺形	対角線の交点にある	
	台形	台形を2つの三角形 ABD，ACD に分け，そのおのおのの重心 G_1，G_2 を結ぶ直線 G_1G_2 と AB の中点と CD の中点を結ぶ直線 MN との交点にある	
	四辺形	四辺形の対角線 AC により分けられる三角形の重心をそれぞれ G_1，G_2 とし，さらに第2の対角線 BD により分けられる三角形の重心をそれぞれ G_3，G_4 とすれば，直線 G_1G_2 と G_3G_4 の交点にある	
	半円	中心から立てた垂直半径の約5分の2のところにある $$y_G = \frac{4}{3} \cdot \frac{r}{\pi} = 0.42r$$	
	四半円	中心線上の中心から約5分の3のところにある $$y_G = \frac{4\sqrt{2}}{3} \cdot \frac{r}{\pi} \fallingdotseq 0.6r$$	
	弓形	$$y_G = 0.6h = 0.174r$$	

注）曲面形、立体形の場合は，「機械工学便覧」（日本機械学会）等を参照せよ。

図（イ）においては，少し傾けたとき，重心 G_1 は G_2 に移るが，元の位置より高くなっており，また，Ａ点の垂直線上（この位置で重心の位置は最高になり，この線を超えると倒れるようになる。）に重心が移るまでには傾きに余裕のあること，これに反して，図（ロ）では，少し傾けただけでも，重心の位置はＡ点の垂直線上を超えてしまい，かつ，元の位置より低くなっていることがわかる。これは物体の底面積の大小，重心の高低の相違によって決まることである。

すなわち，物体の安定は，図（イ）と図（ロ）を比べてわかるとおり①底面積が広く，②重心が低いほどよいということになる。

以上の説明について，これを実際のショベルローダーに例をとり，具体的にその重心の位置によって車体の安定，不安定について説明してみると次のとおりである。

いま**図４－17**に示す側面図において，無荷重の場合の重心位置をＧとし，荷重を積載したバケットを高くした場合の重心位置を G_1 とする。さらに荷重を積載したバケットを低くした場合の重心位置を G_2 とする。

次にこれを正面図（**図４－17**）についてみると，G_1 のように重心の位置が高い場合（荷物を高くした場合）は，G_2 のように重心の位置が低い（荷物を低くした場合）に比較して次の条件が加われば，左右に傾くか，または転倒の危険がさらに大きくなることがわかる。

① 走行中，急にハンドルを左右いずれかへ切った場合

② 片側の車輪が石塊や物などに乗り上げた場合，またはその反対に凹地やみぞなどに落ち込んだ場合

③ ニューマチックタイヤの片方の空気が急激に抜けた場合

④ 極端な片荷の場合

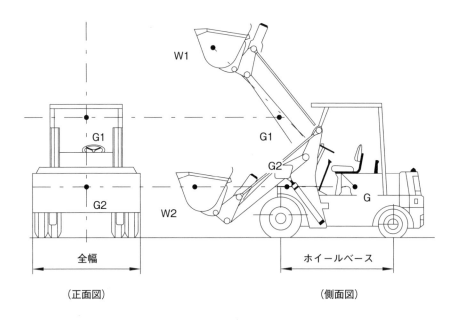

図4-17　ショベルローダーの安定

2．重心（または質量中心）とこう配

　図4-18に示すように，水平位置にあるときは，ショベルローダーの重心および荷重の重心から前輪の軸心までの水平距離を ℓ_1，ℓ_2 とする。

　次に，**図4-19**に示すとおり下りこう配において，同じ荷物を取り扱うときの各々の軸心からの水平距離は，ℓ_1'，ℓ_2' となり，$\ell_1：\ell_2$ の比と $\ell_1'：\ell_2'$ の比は大きく変わる。

　このため，$w\ell_2'$ の値は $w\ell_2$ の値より大きくなる。もしも，$w\ell_2'$ の値が $W\ell_1'$ の値より大きくなったとき，そのショベルローダーは前方に傾くか積荷が落下することになる。

　バケットを高くして荷物を扱うときに，マストを後方に傾斜させるのは，以上の理由による危険を防ぐためである。

　この関係は，荷物の高さが低いほど小さな値となり，危険も少ない。

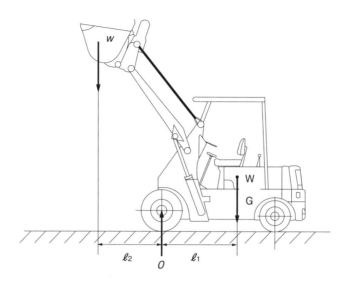

図4-18 水平位置の場合

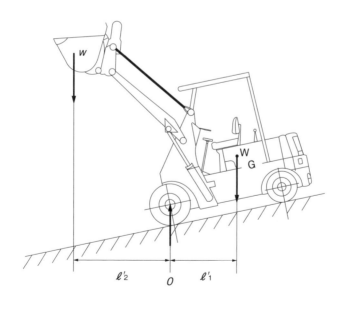

図4-19 下りこう配の場合

第4編　ショベルローダー等の運転に必要な力学に関する知識

第3章 物体の運動

第1節　速　　度

1．位置と静止と運動

　宇宙にあるすべての物体は位置を有している。その位置を変えないときは，その物体は静止しているといい，その位置を変えるときはその物体は運動しているという。

　例えば，汽車や船の中に座っている人について考えてみると，汽車や船に対しては静止しているが，大地や海に対しては運動していることになる。

　このように，運動には必ず基準になる対象があり，この対象となる物を何にとるかによって，ある物体が運動しているか否か，またどんな運動をしているかが明らかにされる。したがって，運動はすべて相対的である。

2．変　　　位

　物体の移動した距離を変位という。この変位には，大きさのほかに，方向と向きがある（方向に向きを含める場合もある。）。その大きさ，方向，向きを同時に指定することによって変位は定まる。

　変位の大きさは，mなどのような長さの単位で表す。

3．速　　　度

　物体の運動の速い，おそいの程度を示す量を，その物体の速さという。

　単位時間内に運動した変位の量をその物体の速度という。

　そこで，ある物体が大地に対して t なる時間内に s なる変位をしたときは，その速度 v は次の算式で計算できる。

$$速度(v)＝\frac{変位(s)}{時間(t)}$$

　故に，v なる速度をもって t 時間連続して移動したその物体の変位 s は，

$$変位(s)＝速度(v)×時間(t)$$

　そこで，電車や自動車の運行に見られるとおり，始点から終点までの距離が20㎞

130

のとき，それに要した時間が30分間であったとすると，その平均速度は，40キロメートル毎時（km/h）となり，物体が移動した距離をそれに要した時間で移動する等速運動の速度に等しい。

しかし，電車や自動車は，走っている途中で，各瞬間の速さはいろいろに変わっているはずである。それで，瞬間の速度は，ごく短い時間中に走った距離を，その時間で除した値がその物体のその瞬間における速度となる。

速度の単位は，普通メートル毎秒(m/s)，キロメートル毎時（km/h）などが用いられる。

第2節　加　速　度

物体の運動には，速度の一定な運動と一定しない運動とがある。前者を等速運動といい，後者を変速（または不等速）運動と呼ぶ。

変速運動の速度が変わる状態を表すには，単位時間内に変わる速度の量をもって表し，これを「加速度」という。

初めの速度 v_1 が t 時間の後 v_2 の速度に変わった場合の加速度 α は，次の算式で計算できる。

$$加速度(\alpha)=\frac{終りの速度(v_2)-初めの速度(v_1)}{時　間(t)}$$

終りの速度が初めの速度よりも大きいときの加速度は，正数値で，終りの速度が小さいときは負数値である。加速度が０のときは，等速運動である。

いま，自動車の速さが，初め毎秒５mであったものが，10秒経ったら毎秒10mの速さになっていたとすれば，そのときの加速度は，１秒間に0.5mである。

加速度の単位は，メートル毎秒毎秒（m/sec^2）が用いられる。

第3節　慣　　性

止まっている電車が急に発車すると，中に立っている人は電車の進行する向きと反対の向きに倒れそうになり，走っている電車が急停車すると，中に立っている人は進行する向きに倒れそうになる。われわれは，ほかにも，これと同じような例をたくさん経験している。

これは，物体には，外から力が作用しない限り，静止しているときは永久に静止の状態を続けようとする性質があるためで，これを慣性という。

第４編　ショベルローダー等の運転に必要な力学に関する知識

　これを逆にいえば，静止している物体を動かしたり，運動している物体の速さや運動の向きを変えるためには力が必要で，速度の変わり方が大きい程これに要する力は大きく，荷を急に引き上げたり，動いている物体を急に止めたりするときには，非常に大きな力を必要とすることになる。ワイヤーロープが衝撃荷重を受けて切れるのは，この理由によるものである。

第４節　遠　心　力

　分銅を結びつけた細いひもの一端を持って分銅に円運動をさせると，手は分銅の方向に引張られる。分銅を速く回すと，手はいっそう強く引張られるものを感じる。もし，ひもから手をはなすと，分銅は手をはなしたときの位置から円の接線方向に飛んで行ってしまい，円運動はしなくなる。

　このように，物体が円運動をするためには，物体にある力（前述の例では，手がひもを通して分銅を引張っている力）が作用しなければならない。この物体に円運動をさせる力を求心力という。求心力は，次の式で表される。

$$F = \frac{m \cdot v^2}{r} = m \cdot r \cdot w^2$$

　（F：求心力，m：質量，r：半径，v：周速度，w：角速度）

　求心力に対して，力の大きさが等しく，方向が反対である力（上の例では，手を引張る力）を遠心力という。

　ショベルローダー等の運転において，カーブでのスピードの出し過ぎは遠心力により，転倒などの事故に結びつくことがある。

　特に路面が雨で濡れていたりすると，路面の摩擦係数が下がるので，カーブで横すべりをする危険がある。

132

第5節 摩　擦

1．静止の摩擦力

　地上に置いてある物体を地面に沿って引張ると地面と物体との間に物体の運動を妨げようとする抵抗が現われる。強く引張れば引張るほど抵抗も大きくなり，引張る力がある限度以上になると物体はついに動き出す。これは静止している物体と地面との間に摩擦の現象があることを示し，この場合の接触面に働く抵抗を静止の摩擦力という。静止の摩擦力は接触面の大小には関係がない。

　図4－20に示すように静止の摩擦力 F は物体に力 P を加えていって物体が動き始める瞬間に最大となる。このときの摩擦力を最大静止摩擦力といい，物体の接触面に作用する垂直力 W と最大静止摩擦力との比を静止摩擦係数という。

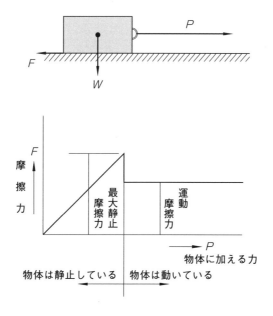

図4－20　最大静止摩擦力と運動摩擦力

第4編　ショベルローダー等の運転に必要な力学に関する知識

２．運動の摩擦力

　物体が動き出してから，働く摩擦力を運動の摩擦力といい，その値は最大静止摩擦力より小さい。

　摩擦力の大きさは，接触面の面積には関係なく，物体の接触面に作用する垂直力に比例する。したがって

　　　　$F = k \times W$

　ここで　　　　　　　F：摩擦力

　　　　　　　　　　　W：物体の接触面に作用する垂直力

　　　　　　　　　　　k：摩擦係数

である。

　摩擦係数の値は，接触する２つの物体の種類と接触面の状態によって決まる。

３．ころがり摩擦

　物体を接触面に沿って滑らさずに，ころがすときにも同じように摩擦の現象が現われる。これをころがり摩擦という。例えば，たるやドラム缶をころがすと，これらを引きずるときより楽に移動させることができるが，いつまでもころがらないのは，ころがり摩擦があるためである。ころがり摩擦力は，たるやドラムかんの例でも分かるように，運動の摩擦力に比べると非常に小さい（約10分の１程度）。重い荷を楽に移動させるためにコロを使ったり，ショベルローダー等に車輪をつけたり，軸受にローラベアリングやボールベアリングを使ったりするのは，このためである。

第4章 荷重，応力および材料の強さ

第1節　荷　重

1．荷重，応力，ひずみ

物体に外から作用する力（外力）を，「荷重」といい，この荷重に抵抗して，物体内に生ずる力（内力）を「応力」という。

この内力の発生に伴って生ずる物体の外形的変化を「ひずみ」という。

2．荷重のかかり方

普通の場合は，物体に荷重がかかると，その荷重とつり合うために，物体には「ひずみ」を生ずるものである。その荷重のかかり方によって，物体にはいろいろな性質の違った変形が起こる。

図4-21　引張荷重　　　　　図4-22　圧縮荷重

(1) 引張荷重

図4-21のような丸棒があって，縦軸の方向に荷重 P が働き，両方から棒を引張ると，棒の長さは伸びて細くなる。

このような荷重を「引張荷重」という。

(2) 圧縮荷重

前例とは反対に，**図4-22**のように縦軸の方向に荷重 P が押す場合である。この場合には，棒の長さは縮み，太さは太くなる。

このような荷重を「圧縮荷重」という。

(3) せん断荷重

図4-23のようなとき，鋲は荷重 P の方向に平行な面で，切断され，左右の部分が荷重の方向にすべろうとする。

はさみで物を切るときも同じような力が，切られる物に作用する。このような荷重を「せん断荷重」という。

(4) 曲げモーメント

両端または一端を支えたはり，またはけたに垂直荷重を加えると，はり，またはけたは彎曲する。この場合は「曲げ」という。

図4-24のように，一端を固定し，他端に質量Wをかけ，固定部から端までの距離を ℓ とすると，その相乗積9.8Wℓが最大曲げモーメントに等しい。フォークローダーのフォークに積んだ荷重が，フォークに対して作用する力は，主としてこの曲げモーメントである。

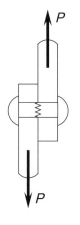
図4-23　せん断荷重

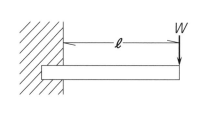
図4-24　曲げモーメント

(5) ねじりモーメント

図4-25のように，軸の一端を固定して，他端の外周に反対方向の力Pを加えると，この軸はねじられる。

この場合，軸に力の作用する点間の距離 ℓ と荷重 P との相乗積 $P\ell$ を「ねじりモーメント」という。ウインチの軸がワイヤーロープに引張られてねじりを受ける場合などがこれである。ショベルローダー等の機械部分には(1)から(5)まで述べた力が単独に働くことは少ない。いくつかの力が組み合わされて働く場合が多い。

(6) 荷重の種類

荷重は，大別すると，静荷重と動荷重とに分けられる。静荷重は死荷重ともいい，フォークローダーのフォークに荷を積んだまま放置した場合，フォークにかかっている荷重は，向きと大きさの変わらない静荷重である。動荷重は，活荷重ともいい，次の3つに分けられる。

すなわち，荷役中のフォークなどが受ける荷重のように，向きは同じであるが，その大きさが時間的に変わる片振り荷重，フォークローダー車軸が受ける荷重のように，向きと大きさが時間的に変わる交番荷重，さらに，フォークローダーが運転中に，床面の凹みに一方の車輪を踏み込んで，がたんと落ちこんだときのフォークにかかる衝撃荷重がある。

この衝撃荷重は，比較的短時間に加わる外力であり，作用する時間が短いほど，衝撃の効果は大きい。

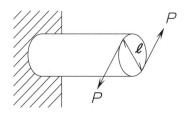

図4-25 ねじりモーメント

第4編 ショベルローダー等の運転に必要な力学に関する知識

第2節 応　　力

　物体に，外力が作用したとき，その外力とつり合うために物体の内部に生ずる「内力」を応力という。

　応力は，荷重によって生ずるので，荷重のかかり方によっていろいろな応力が生ずる。

　物体が引張荷重を受けたときは「引張応力」，圧縮荷重を受けたときは「圧縮応力」，せん断荷重を受けたときは「せん断応力」という。応力の大きさは，単位面積当たりの力で表す。

　いま，ある物体の部材の断面積を A（mm²），部材に働く引張荷重を P（N）とすれば，応力は次の式で算出できる。

$$応力（N/mm²）＝\frac{部材に働く荷重（P）}{部材の断面積（A）}$$

第3節　材料の強さ

　ショベルローダー，フォークローダーで作業する場合，この荷物の荷重によって，前述のように，ショベルローダー，フォークローダーの各部には，引張り，圧縮，せん断などのいろいろな力がかかる。それでショベルローダー，フォークローダーの各部の材料は，定められた荷重に対して十分に耐える太さと材質のものを使用しなければならない。

　しかし，それらの材料の強さ以上の荷重をかけたり，老朽化して傷ができ，材料の強さが小さくなっているのを知らないで作業をすると，大きな事故を起こすことになる。したがって，材料のことについても知っておく必要がある。

1. 弾性ひずみと永久ひずみ

物体に荷重が働くと，その物体は，必ずその形状に変化（ひずみ）を起こすものである。この変化を「ひずみ」ということは，第1節1において述べた。このひずみには，元の形に戻るものと戻らぬものとがある。その戻るひずみを「弾性ひずみ」といい，戻らぬひずみを「永久ひずみ」という。

ところで，機械を構成している各部の材料は，使用中において「永久ひずみ」を起こさないように設計されている。したがって，使用の状態で起こる「ひずみ」は「弾性ひずみ」であって，荷重を取り去るとともにほとんど消失する。

この弾性ひずみの限度を超えて荷重をかければ，弾性ひずみにさらに永久ひずみが加わり，荷重を取り去っても永久ひずみの分だけが残る。この限度を「弾性限度」という。

2. 応力とひずみとの関係

軟鋼で作った試験片を材料試験機にかけて引張ると，試験片は引張荷重が大きくなるにしたがって伸びる。その荷重の増加がある程度に達すると，荷重が増さないにもかかわらず伸びだけが急に増加する。さらに荷重を増してゆくと，伸びも増して，遂に音を発して切れてしまう。これを自動的に記録していくと**図4-26**のような線図が得られる。

この線図を「荷重伸び線図」（または「応力ひずみ線図」）という。

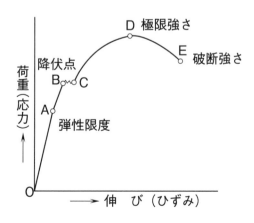

図4-26　軟鋼の荷重伸び線図
（応力ひずみ線図）

第４編　ショベルローダー等の運転に必要な力学に関する知識

図４−26について説明すれば，横軸は伸び，縦軸は荷重の大きさを示す。

Ｏ点からＡ点までは，荷重を増すに従って伸びも増すが，この範囲内では，荷重を取り除くと，伸びもまた消滅する。この範囲内がその材料の弾性範囲であって，Ａ点の応力を「弾性限度」という。

Ａ点から上は，荷重が増すに従って，伸びる割合が弾性範囲内でのときより多くなり，荷重がＢ点に達すると，荷重はほとんど増加しないでも，Ｃ点まで急に伸びが増加する。

このＢ点をその材料の「降伏点」（このときの応力を「降伏強さ」）という。Ｃ点から先は，荷重が増すに従って，伸びる割合はますます増加する。荷重がＤ点に達すると，材料の一部にくびれを生じ，その部分の断面積は著しく細くなって減少するので，Ｄ点から先は荷重を減らしても，伸びはさらに増し，遂にはＥ点で切断する。

図４−26は降伏点のある「軟鋼」の応力歪み曲線であるが，木材・アルミ・鋳鉄等には明確な降伏点はない。

Ｄ点の荷重は，この材料にかけられる「最大荷重」であって，これ以上の荷重をかけようとすれば，その材料は破壊する。

この材料の耐える最大荷重を，その荷重をかける試験片の断面積で除して得られる最大応力をその材料の「極限強さ」という。この「極限強さ」のことを，引張試験の場合は，「引張り強さ」あるいは「抗張力」と呼んでいる。

材料の重要な性質に粘さがある。粘さの反対の性質をもろさという。軟鋼は粘く，硬鋼は硬くなるに従ってしだいにもろくなり，焼きが入るとさらにもろくなる。鋳鉄もまたもろい。

もろいものは衝撃に弱いから衝撃荷重を受けるところには使えない。

3. 安 全 係 数

材料を使用する場合の荷重限度は，前項の「荷重伸び線図」のＡ点すなわち弾性限度である。しかし，実際に材料を弾性限度の近くまで使うことは危険であるから，弾性限度以下のある値を定めて，使用材料に許される最大限の応力と定める。すなわち，それ以内であれば，日常使っても安全であるという応力のことで，このような応力を「許容応力」という。

安全係数は，一般に材料の極限強さ（**図4－26**のＤ点）を許容応力で除した値である。すなわち，

$$\text{材料の安全係数} = \frac{\text{極限強さ}}{\text{許容応力}}$$

（例）　極限強さ400MPaの棒を許容応力80MPaで使うときの安全係数は何程か。

$$\text{安全係数} = \frac{400}{80} = 5 \qquad （答　5）$$

なお，降伏点がある鉄鋼材料の安全係数は，極限強さではなく降伏点が基準となっている。

表4－4　材料の安全係数（参考）

材　　　　　料	静 荷 重	動 荷 重		変化する荷重または衝撃
		繰返し荷重	交番荷重	
鋳　　　　　鉄	4	6	10	12
錬 鉄 ・ 鋼	3	5	8	12
木　　　　　材	7	10	15	30
煉 瓦 ・ 石 材	20	30	－	－

第4編　ショベルローダー等の運転に必要な力学に関する知識

4．ショベルローダー，フォークローダーの安定性

　ショベルローダー，フォークローダーの貨物取扱い作業の安定度は，それぞれショベルローダー等構造規格に定められているが，①荷を高く上げたときの安定性，②走行中の急旋回，③急制動した場合の安定性など本体と荷重の重心の高さによる影響を考慮して，ショベルローダー，フォークローダーが転倒する場合の限界傾斜こう配を安定度としている（第1編第2章第1節を参照）。

　ただし，この安定度は，ある使用条件の下での安定性を保証するもので，安定度を満足しているショベルローダー，フォークローダーであっても，あらゆる使用条件下での安全性が保証されているものではない。

　すなわち，ある使用条件とは，

　①　使用する場所が平たんで，かつ，堅固な路面または床面であること。

　②　基準負荷状態または基準無負荷状態で走行すること。

であり，この条件から外れて使用する必要があるときには，積載荷重を減らして必要な安定を確保するか，さらに容量の大きい車両を用いるなど，必要に応じて事業者は，メーカーと協議するなどして安定性を確保することが大切である。さらに安定性の確保に当たっては，車両が良好な整備状態にあることが必要である。

　また，ショベルローダー，フォークローダーの各部の強度，安定性は，この安定度に応ずる負荷に対して保証されているが，荷扱いの都合により，後尾に勝手におもりをつけて見かけ上の安定度を増し，ショベルローダー，フォークローダーに過度な仕事をさせることは，各部のバランスを狂わして，大事故の原因になるおそれがあるから絶対に行ってはならない。

関係法令

この編で学ぶこと
　この編では，ショベルローダー等の運転，構造等に関係する法令について知る。

第1章　関係法令を学ぶ前に

第1章 関係法令を学ぶ前に

第1節　関係法令を学ぶ重要性
～関係法令は，労働災害防止のノウハウの集まり～

　法令とは，法律とそれに基づく政令，省令等の命令をまとめた総称である。

　法令等で定められたことを理解することは，法令遵守のために最も基本のことであるが，単に法令遵守ということだけでなく，労働災害の防止を具体的にどのように実施したらよいかを知るためにも特にその理解は重要である。

　なぜなら労働安全衛生法等は，過去に発生した多くの労働災害の貴重な教訓のうえに，どのようにすればその労働災害が防げるかを具体的に示しているからである。

　また，労働災害を防止するうえで自主的安全衛生活動も重要である。例えばリスクアセスメントに関することは，事業者の努力義務として規定されており，具体的にリスクアセスメント等を進めるために必要な事項は，指針として定められている。

　労働安全衛生法等では，このように事業者として労働災害防止のために実施することが望ましい事項等を努力義務として定めたり，指針という形で示している。関係法令を学ぶということは，このような指針等も含めて理解するということである。

第2節　関係法令を学ぶうえで知っておくべきこと

1．法令と法律

　国が企業や国民にその履行，遵守を強制するものが法律である。しかし，法律の条文だけでは，具体的に何をしなければならないかはよくわからない。このため，その対象は何か，具体的に行うべきことは何かを，政令や省令で具体的に明らかにしている。

145

第5編　関係法令

　労働安全衛生法には，例えば第20条の場合，次のように書かれている。

（事業者の講ずべき措置等）

第20条　事業者は，次の危険を防止するため必要な措置を講じなければならない。

　1　機械，器具その他の設備（以下「機械等」という。）による危険

　2　爆発性の物，発火性の物，引火性の物等による危険

　3　電気，熱その他のエネルギーによる危険

　この労働安全衛生法第20条に基づく措置として，労働安全衛生規則第151条の13では次のように，具体的に行わなければいけないこと，あるいは行ってはいけないことが定められている。

（搭乗の制限）

第151条の13　事業者は，車両系荷役運搬機械等（不整地運搬車及び貨物自動車を除く。）を用いて作業を行うときは，乗車席以外の箇所に労働者を乗せてはならない。ただし，墜落による労働者の危険を防止するための措置を講じたときは，この限りでない。

　このように，法律を理解するということは，政令，省令等を含めた関係法令として理解をする必要がある。

　法律は，何をしなければならないか，その基本的，根本的なことのみを書き，それが守られないときには，どれだけの処罰を受けるかを明らかにしている。

　政令は，主に法律が対象とするものの範囲などを定め，省令（規則）では具体的に行わなければならないことを定めている。

　これは，法律にすべてを書くと，その時々の状況や必要により追加や修正を行おうとしたときに時間がかかるため，詳細は比較的容易に変更が可能な政令や省令に書くこととしているためである。

◆法律・・・国会が定めるもの。社会生活を送っていくときに，守らなければならないこと。

◆政令・・・内閣が制定する命令。一般に○○法施行令という名称である（例：労

働安全衛生法施行令）。

◆省令・・・各省の大臣が制定する命令。省令は，○○法施行規則や○○規則という名称である（例：労働基準法施行規則，労働安全衛生規則）。

◆告示・・・一定の事項を法令に基づき広く知らせるためのもの。

2．通達，解釈例規

　通達は，法令の適正な運営のために，行政内部で発出される文書のことをいう。通達には2つの種類がある。一つは，解釈例規と言われるもので，行政として所管する法令の具体的判断や取扱基準を示すもの。もう一つは，法令の施行の際の留意点や考え方等を示したものである。通達は，番号（基発第○○号など）と年月日で区別される。

　法律に定められたことを守るということ，すなわち法令遵守のためには，労働安全衛生法などの法律だけでなく，具体的に実施すべき内容についても理解することが必要で，そのためには，法律から政令，省令，告示，公示まで理解する必要がある。さらに，行政内部の文書である通達（行政通達）についても理解しておくことが望まれる。

第3節　第2章以降の学び方

　第2章以降では，労働安全衛生法，労働安全衛生施行令，労働安全衛生規則，ショベルローダー等構造規格などの順に詳細なものとなっている。

「第2節　関係法令を学ぶうえで知っておくべきこと」で述べたとおり，このような関係法令を理解するためには，法律だけでなく関係する政令や省令なども一緒に理解することが必要である。

　このため，まず第2章に労働安全衛生法のあらましとして概略をまとめ，第3章の労働安全衛生法以下，法律の条文を記載するとともに，各条文に関係する政令や省令，さらには解説などもあわせて掲載し，条文の具体的な内容を理解できるようにした。

147

第2章 労働安全衛生法のあらまし

労働安全衛生法は，労働条件の最低基準を定めている労働基準法と相まって，
① 事業場内における安全衛生管理の責任体制の明確化
② 危害防止基準の確立
③ 事業者の自主的安全衛生活動の促進

等の措置を講ずる等の総合的，計画的な対策を推進することにより，労働者の安全と健康を確保し，さらに快適な作業環境の形成を促進することを目的として昭和47年に制定された。

その後何回か改正が行われて現在に至っている。

労働安全衛生法は，労働安全衛生法施行令，労働安全衛生規則等で適用の細部を定めているほか，事業者の講ずべき措置の基準は特別規則で細かく定めている。労働安全衛生法と関係法令のうち，労働安全に係わる法令の関係を示すと**図5－1**のようになる。

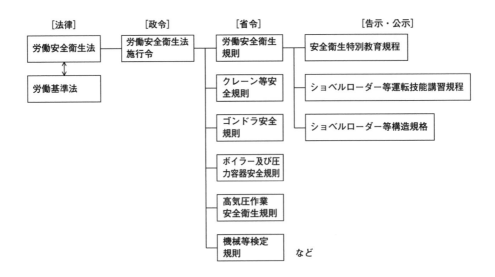

図5－1　労働安全関係法令等

1 総則（第1条〜第5条）

　労働安全衛生法（以下，「安衛法」という。）の目的，法律に出てくる用語の定義，事業者の責務，労働者の協力，事業者に関する規定の適用について定めている。

2 労働災害防止計画（第6条〜第9条）

　労働災害の防止に関する総合的計画的な対策を図るために，厚生労働大臣が策定する「労働災害防止計画」の策定等について定めている。

3 安全衛生管理体制（第10条〜第19条の3）

　企業の安全衛生活動を確立させ，的確に促進させるために安衛法では組織的な安全衛生管理体制について規定しており，安全衛生組織には次の2通りのものがある。

(1) 労働災害防止のための一般的な安全衛生管理組織

　これには①総括安全衛生管理者，②安全管理者，③衛生管理者（衛生工学衛生管理者を含む），④安全衛生推進者等，⑤産業医，⑥作業主任者があり，安全衛生に関する調査審議機関として，安全委員会および衛生委員会ならびに安全衛生委員会がある。

　安衛法では，安全衛生管理が企業の生産ラインと一体的に運用されることを期待し，一定規模以上の事業場には当該事業の実施を統括管理する者をもって総括安全衛生管理者を充てることとしている。安衛法第10条には，総括安全衛生管理者に安全管理者，衛生管理者等を指揮させるとともに，次の業務を統括管理することが規定されている。

① 労働者の危険または健康障害を防止するための措置に関すること
② 労働者の安全または衛生のための教育の実施に関すること
③ 健康診断の実施その他健康の保持増進のための措置に関すること
④ 労働災害の原因の調査および再発防止対策に関すること
⑤ 安全衛生に関する方針の表明に関すること
⑥ 危険性または有害性等の調査およびその結果に基づき講ずる措置に関すること（リスクアセスメント）

第5編　関係法令

⑦　安全衛生に関する計画の作成，実施，評価および改善に関すること

また，安全管理者および衛生管理者は，①から⑦までの業務の安全面および衛生面の実務管理者として位置付けられており，安全衛生推進者等や産業医についても，その役割が明確に規定されている。

作業主任者については，法第14条に規定されている。

(2)　一の場所において，請負契約関係下にある数事業場が混在して事業を行うことから生ずる労働災害防止のための安全衛生管理組織

これには，①統括安全衛生責任者，②元方安全衛生管理者，③店社安全衛生管理者および④安全衛生責任者があり，また関係請負人を含めて協議組織がある。

統括安全衛生責任者は，当該場所においてその事業の実施を統括管理するものをもって充てることとし，その職務として当該場所において各事業場の労働者が混在して働くことによって生ずる労働災害を防止するための事項を統括管理することとされている（建設業および造船業）。

また，建設業の統括安全衛生責任者を選任した事業場は，元方安全衛生管理者を置き，統括安全衛生管理者の職務のうち技術的事項を管理させることとなっている。

統括安全衛生責任者および元方安全衛生管理者を選任しなくてもよい場合であっても，一定のもの（中小規模の建設現場）については，店社安全衛生管理者を選任し，当該場所において各事業場の労働者が混在して働くことによって生ずる労働災害を防止するための事項に関する必要な措置を担当する者に対し指導を行う，毎月1回建設現場を巡回するなどの業務を行わせることとされている。

さらに，下請事業における安全衛生管理体制を確立するため，統括安全衛生責任者を選任すべき事業者以外の請負人においては，安全衛生責任者を置き，統括安全衛生責任者からの指示，連絡を受け，これを関係者に伝達する等の措置をとらなければならないこととなっている。

なお，法第19条の2には，労働災害防止のための業務に従事する者に対し，その業務に関する能力の向上を図るための教育を受けさせるよう努めることが規定されている。

第 2 章　労働安全衛生法のあらまし

4　労働者の危険または健康障害を防止するための措置（第20条～第36条）

　労働災害防止の基礎となる，いわゆる危害防止基準を定めたもので，①事業者の講ずべき措置，②厚生労働大臣による技術上の指針の公表，③元方事業者の講ずべき措置，④注文者の講ずべき措置，⑤機械等貸与者等の講ずべき措置，⑥建築物貸与者の講ずべき措置，⑦重量物の重量表示などが定められている。

5　機械等並びに危険物及び有害物に関する規制

（第37条～第57条の5）

(1)　譲渡等の制限

　機械等に関する安全を確保するには，製造，流通段階において一定の基準により規制することが重要である。そこで安衛法では，危険もしくは有害な作業を必要とするもの，危険な場所において使用するものまたは危険または健康障害を防止するため使用するもののうち一定のものは，厚生労働大臣の定める規格又は安全装置を具備しなければ譲渡し，貸与し，又は設置してはならないこととしている。

(2)　型式検定・個別検定

　(1)の機械等のうち，さらに一定のものについては個別検定または型式検定を受けなければならないこととされている。

(3)　定期自主検査

　一定の機械等について使用開始後一定の期間ごとに定期的に所定の機能を維持していることを確認するために検査を行わなければならないこととされている。

(4)　危険物および化学物質に関する規制

　危険物や化学物質について，製造の禁止や許可，容器等へのラベル表示及び文書による有害性情報の提供等の義務について定めている。また，所定の化学物質についてのリスクアセスメント実施義務についても規定されている。

6　労働者の就業に当たっての措置（第59条～第63条）

　労働災害を防止するためには，作業に就く労働者に対する安全衛生教育の徹底等もきわめて重要なことである。このような観点から労働安全衛生法では，新規雇入れ時のほか，作業内容変更時においても安全衛生教育を行うべきことを定め，また，職長その他の現場監督者に対する安全衛生教育についても規定している。

151

特定の危険業務に労働者を就業させる時は，一定の有資格者でなければその業務に就かせてはならない。

7　健康の保持増進のための措置（第65条～第71条）

安衛法では，労働者の健康の保持増進のため，作業環境測定や健康診断，面接指導等の実施について定めている。

8　快適な職場環境の形成のための措置（第71条の 2 ～第71条の 4 ）

労働者がその生活時間の多くを過ごす職場について，疲労やストレスを感じることが少ない快適な職場環境を形成する必要がある。安衛法では，事業者が講ずる措置について規定するとともに，国は，快適な職場環境の形成のための指針を公表することとしている。

9　免許等（第72条～第77条）

危険・有害業務であり労働災害を防止するために管理を必要とする作業について選任を義務付けられている作業主任者や特殊な業務に就く者に必要とされる資格，技能講習，試験等についての規定がなされている。

10　事業場の安全または衛生に関する改善措置等（第78条～第87条）

労働災害の防止を図るため，総合的な改善措置を講ずる必要がある事業場については，都道府県労働局長が安全衛生改善計画の作成を指示し，その自主的活動によって安全衛生状態の改善を進めることが制度化されている。

この際，企業外の民間有識者の安全及び労働衛生についての知識を活用し，企業における安全衛生についての診断や指導に対する需要に応ずるため，労働安全・労働衛生コンサルタント制度が設けられている。

なお，一定期間内の重大な労働災害を同一企業の複数の事業場で繰り返して発生させた企業に対し，厚生労働大臣が特別安全衛生改善計画の策定を指示することができる制度が創設されている。

11 監督等，雑則および罰則（第88条～第123条）

(1) 計画の届出

　一定の機械等を設置し，もしくは移転し，またはこれらの主用構造部分を変更しようとする事業者には，当該計画を事前に労働基準監督署長に届け出る義務を課し，事前に法令違反がないかどうかの審査が行われることとなっている。

(2) 罰則

　安衛法は，その厳正な運用を担保するため，違反に対する罰則について12カ条の規定を置いている（第115条の2, 第115条の3, 第115条の4, 第116条，第117条，第118条，第119条，第120条，第121条，第122条，第122条の2, 第123条）。

　また，同法は，事業者責任主義を採用し，その第122条で両罰規定を設けて各本条が定めた措置義務者（事業者）のほかに，法人の代表者，法人又は人の代理人，使用人その他の従事者がその法人又は人の業務に関して，それぞれの違反行為をしたときの従事者が実行行為者として罰されるほか，その法人又は人に対しても，各本条に定める罰金刑を科すこととされている。なお，安衛法第20条から第25条に規定される事業者の講じた危害防止措置または救護措置等に関し，第26条により労働者は遵守義務を負い，これに違反した場合も罰金刑が課せられる。

第5編　関係法令

第3章　労働安全衛生法（抄）

昭和47年法律第57号

最終改正　平成29年法律第41号

第1章　総　則

（目　的）

第1条　この法律は，労働基準法（昭和22年法律第49号）と相まつて，労働災害の防止のための危害防止基準の確立，責任体制の明確化及び自主的活動の促進の措置を講ずる等その防止に関する総合的計画的な対策を推進することにより職場における労働者の安全と健康を確保するとともに，快適な職場環境の形成を促進することを目的とする。

（定　義）

第2条　この法律において，次の各号に掲げる用語の意義は，それぞれ当該各号に定めるところによる。

　1　労働災害　労働者の就業に係る建設物，設備，原材料，ガス，蒸気，粉じん等により，又は作業行動その他業務に起因して，労働者が負傷し，疾病にかかり，又は死亡することをいう。

　2　労働者　労働基準法第9条に規定する労働者（同居の親族のみを使用する事業又は事務所に使用される者及び家事使用人を除く。）をいう。

　3　事業者　事業を行う者で，労働者を使用するものをいう。

　3の2〜4（省　略）

（事業者等の責務）

第3条　事業者は，単にこの法律で定める労働災害の防止のための最低基準を守るだけでなく，快適な職場環境の実現と労働条件の改善を通じて職場における労働者の安全と健康を確保するようにしなければならない。また，事業者は，国が実施する労働災害の防止に関する施策に協力するようにしなければならない。

②，③（省　略）

第4条　労働者は，労働災害を防止するため必要な事項を守るほか，事業者その他の関係者が実施する労働災害の防止に関する措置に協力するように努めなければ

ならない。

第3章　安全衛生管理体制

（作業主任者）

第14条　事業者は，高圧室内作業その他の労働災害を防止するための管理を必要とする作業で，政令で定めるものについては，都道府県労働局長の免許を受けた者又は都道府県労働局長の登録を受けた者が行う技能講習を修了した者のうちから，厚生労働省令で定めるところにより，当該作業の区分に応じて，作業主任者を選任し，その者に当該作業に従事する労働者の指揮その他の厚生労働省令で定める事項を行わせなければならない。

（安全管理者等に対する教育等）

第19条の2　事業者は，事業場における安全衛生の水準の向上を図るため，安全管理者，衛生管理者，安全衛生推進者，衛生推進者その他労働災害の防止のための業務に従事する者に対し，これらの者が従事する業務に関する能力の向上を図るための教育，講習等を行い，又はこれらを受ける機会を与えるように努めなければならない。

②　厚生労働大臣は，前項の教育，講習等の適切かつ有効な実施を図るため必要な指針を公表するものとする。

③　厚生労働大臣は，前項の指針に従い，事業者又はその団体に対し，必要な指導等を行うことができる。

第4章　労働者の危険又は健康障害を防止するための措置

（事業者の講ずべき措置等）

第20条　事業者は，次の危険を防止するため必要な措置を講じなければならない。

1　機械，器具その他の設備（以下「機械等」という。）による危険

2　爆発性の物，発火性の物，引火性の物等による危険

3　電気，熱その他のエネルギーによる危険

第21条　事業者は，掘削，採石，荷役，伐木等の業務における作業方法から生ずる危険を防止するため必要な措置を講じなければならない。

②　事業者は，労働者が墜落するおそれのある場所，土砂等が崩壊するおそれのある場所等に係る危険を防止するため必要な措置を講じなければならない。

第5編　関係法令

第24条　事業者は，労働者の作業行動から生ずる労働災害を防止するため必要な措置を講じなければならない。

第25条　事業者は，労働災害発生の急迫した危険があるときは，直ちに作業を中止し，労働者を作業場から退避させる等必要な措置を講じなければならない。

第25条の2　建設業その他政令で定める業種に属する事業の仕事で，政令で定めるものを行う事業者は，爆発，火災等が生じたことに伴い労働者の救護に関する措置がとられる場合における労働災害の発生を防止するため，次の措置を講じなければならない。

　1　労働者の救護に関し必要な機械等の備付け及び管理を行うこと。

　2　労働者の救護に関し必要な事項についての訓練を行うこと。

　3　前二号に掲げるもののほか，爆発，火災等に備えて，労働者の救護に関し必要な事項を行うこと。

②　前項に規定する事業者は，厚生労働省令で定める資格を有する者のうちから，厚生労働省令で定めるところにより，同項各号の措置のうち技術的事項を管理する者を選任し，その者に当該技術的事項を管理させなければならない。

第26条　労働者は，事業者が第20条から第25条まで及び前条第1項の規定に基づき講ずる措置に応じて，必要な事項を守らなければならない。

第27条　第20条から第25条まで及び第25条の2第1項の規定により事業者が講ずべき措置及び前条の規定により労働者が守らなければならない事項は，厚生労働省令で定める。

②　（省　略）

（事業者の行うべき調査等）

第28条の2　事業者は，厚生労働省令で定めるところにより，建設物，設備，原材料，ガス，蒸気，粉じん等による，又は作業行動その他業務に起因する危険性又は有害性等（第57条第1項の政令で定める物及び第57条の2第1項に規定する通知対象物による危険性又は有害性等を除く。）を調査し，その結果に基づいて，この法律又はこれに基づく命令の規定による措置を講ずるほか，労働者の危険又は健康障害を防止するため必要な措置を講ずるように努めなければならない。ただし，当該調査のうち，化学物質，化学物質を含有する製剤その他の物で労働者の危険又は健康障害を生ずるおそれのあるものに係るもの以外のものについては，製造業その他厚生労働省令で定める業種に属する事業者に限る。

② 厚生労働大臣は，前条第１項及び第３項に定めるもののほか，前項の措置に関して，その適切かつ有効な実施を図るため必要な指針を公表するものとする。

③ 厚生労働大臣は，前項の指針に従い，事業者又はその団体に対し，必要な指導，援助等を行うことができる。

（重量表示）

第35条 一の貨物で，重量が１トン以上のものを発送しようとする者は，見やすく，かつ，容易に消滅しない方法で，当該貨物にその重量を表示しなければならない。ただし，包装されていない貨物で，その重量が一見して明らかであるものを発送しようとするときは，この限りでない。

解　説

1 本条は，貨物を取り扱う者が，その重量について誤った認識をもって当該貨物を取り扱うことから生ずる労働災害を防止することを目的として定められたものであること。

2 本条の「発送」には，事業場構内における荷の移動は含まないものであること。

3 本条の「発送しようとする者」とは，最初に当該貨物を運送のルートにのせようとする者をいい，その途中における運送取扱者等は含まない趣旨であること。

　なお，数個の貨物をまとめて，重量が１トン以上の１個の貨物とした者は，ここでいう「最初に当該貨物を運送のルートにのせようとする者」に該当すること。

4 本条の「その重量が一見して明らかなもの」とは，丸太，石材，鉄骨材等のように外観より重量の推定が可能であるものをいうこと。

5 コンテナ貨物についての本条の重量表示は，当該コンテナにその最大積載重量を表示されていれば足りるものであること。

(昭47.9.18基発第602号)

第５章　機械等並びに危険物及び有害物に関する規制

第１節　機械等に関する規制

（譲渡等の制限等）

第42条 特定機械等以外の機械等で，別表第２に掲げるものその他危険若しくは有害な作業を必要とするもの，危険な場所において使用するもの又は危険若しくは健康障害を防止するため使用するもののうち，政令で定めるものは，厚生労働大臣が定める規格又は安全装置を具備しなければ，譲渡し，貸与し，又は設置してはならない。

第5編　関係法令

第43条の2　厚生労働大臣又は都道府県労働局長は，第42条の機械等を製造し，又は輸入した者が，当該機械等で，次の各号のいずれかに該当するものを譲渡し，又は貸与した場合には，その者に対し，当該機械等の回収又は改善を図ること，当該機械等を使用している者へ厚生労働省令で定める事項を通知することその他当該機械等が使用されることによる労働災害を防止するため必要な措置を講ずることを命ずることができる。

1　次条第5項の規定に違反して，同条第4項の表示が付され，又はこれと紛らわしい表示が付された機械等

2　第44条の2第3項に規定する型式検定に合格した型式の機械等で，第42条の厚生労働大臣が定める規格又は安全装置（第4号において「規格等」という。）を具備していないもの

3　第44条の2第6項の規定に違反して，同条第5項の表示が付され，又はこれと紛らわしい表示が付された機械等

4　第44条の2第1項の機械等以外の機械等で，規格等を具備していないもの

（定期自主検査）

第45条　事業者は，ボイラーその他の機械等で，政令で定めるものについて，厚生労働省令で定めるところにより，定期に自主検査を行ない，及びその結果を記録しておかなければならない。

②　事業者は，前項の機械等で政令で定めるものについて同項の規定による自主検査のうち厚生労働省令で定める自主検査（以下「特定自主検査」という。）を行うときは，その使用する労働者で厚生労働省令で定める資格を有するもの又は第54条の3第1項に規定する登録を受け，他人の求めに応じて当該機械等について特定自主検査を行う者（以下「検査業者」という。）に実施させなければならない。

③　厚生労働大臣は，第1項の規定による自主検査の適切かつ有効な実施を図るため必要な自主検査指針を公表するものとする。

④　厚生労働大臣は，前項の自主検査指針を公表した場合において必要があると認めるときは，事業者若しくは検査業者又はこれらの団体に対し，当該自主検査指針に関し必要な指導等を行うことができる。

第3章 労働安全衛生法（抄）

第6章　労働者の就業に当たつての措置

（安全衛生教育）

第59条　事業者は，労働者を雇い入れたときは，当該労働者に対し，厚生労働省令で定めるところにより，その従事する業務に関する安全又は衛生のための教育を行なわなければならない。

②　前項の規定は，労働者の作業内容を変更したときについて準用する。

③　事業者は，危険又は有害な業務で，厚生労働省令で定めるものに労働者をつかせるときは，厚生労働省令で定めるところにより，当該業務に関する安全又は衛生のための特別の教育を行なわなければならない。

解　説

1　第2項の「作業内容を変更したとき」とは，異なる作業に転換したときや作業設備，作業方法等について大幅な変更があったときをいい，これらについての軽易な変更があったときは含まない趣旨であること。

2　第59条および第60条の安生衛生教育は，労働者がその業務に従事する場合の労働災害の防止をはかるため，事業者の責任において実施されなければならないものであり，したがって，安全衛生教育については所定労働時間内に行なうのを原則とすること。また，安全衛生教育の実施に要する時間は労働時間と解されるので，当該教育が法定時間外に行なわれた場合には，当然割増賃金が支払われなければならないものであること。

　　また，第59条第3項の特別の教育ないし第60条の職長教育を企業外で行なう場合の講習会費，講習旅費等についても，この法律に基づいて行なうものについては，事業者が負担すべきものであること。

（昭47. 9. 18基発第602号）

第60条　事業者は，その事業場の業種が政令で定めるものに該当するときは，新たに職務につくこととなつた職長その他の作業中の労働者を直接指導又は監督する者（作業主任者を除く。）に対し，次の事項について，厚生労働省令で定めるところにより，安全又は衛生のための教育を行なわなければならない。

1　作業方法の決定及び労働者の配置に関すること。

2　労働者に対する指導又は監督の方法に関すること。

3　前二号に掲げるもののほか，労働災害を防止するため必要な事項で，厚生労働省令で定めるもの

159

第5編 関係法令

> **解 説**
>
> 前条解説の「2」参照。 （昭47. 9. 18基発第602号）

第60条の2 事業者は，前二条に定めるもののほか，その事業場における安全衛生の水準の向上を図るため，危険又は有害な業務に現に就いている者に対し，その従事する業務に関する安全又は衛生のための教育を行うように努めなければならない。

② 厚生労働大臣は，前項の教育の適切かつ有効な実施を図るため必要な指針を公表するものとする。

③ 厚生労働大臣は，前項の指針に従い，事業者又はその団体に対し，必要な指導等を行うことができる。

（就業制限）

第61条 事業者は，クレーンの運転その他の業務で，政令で定めるものについては，都道府県労働局長の当該業務に係る免許を受けた者又は都道府県労働局長の登録を受けた者が行う当該業務に係る技能講習を修了した者その他厚生労働省令で定める資格を有する者でなければ，当該業務に就かせてはならない。

② 前項の規定により当該業務につくことができる者以外の者は，当該業務を行なつてはならない。

③ 第1項の規定により当該業務につくことができる者は，当該業務に従事するときは，これに係る免許証その他その資格を証する書面を携帯していなければならない。

④ （省 略）

第8章 免許等

（技能講習）

第76条 第14条又は第61条第1項の技能講習（以下「技能講習」という。）は，別表第18に掲げる区分ごとに，学科講習又は実技講習によつて行う。

② 技能講習を行なつた者は，当該技能講習を修了した者に対し，厚生労働省令で定めるところにより，技能講習修了証を交付しなければならない。

③ 技能講習の受講資格及び受講手続その他技能講習の実施について必要な事項は，厚生労働省令で定める。

第9章　事業場の安全又は衛生に関する改善措置等

（特別安全衛生改善計画）

第78条　厚生労働大臣は，重大な労働災害として厚生労働省令で定めるもの（以下この条において「重大な労働災害」という。）が発生した場合において，重大な労働災害の再発を防止するため必要がある場合として厚生労働省令で定める場合に該当すると認めるときは，厚生労働省令で定めるところにより，事業者に対し，その事業場の安全又は衛生に関する改善計画（以下「特別安全衛生改善計画」という。）を作成し，これを厚生労働大臣に提出すべきことを指示することができる。

②～⑥（省　略）

第10章　監督等

（計画の届出等）

第88条　事業者は，機械等で，危険若しくは有害な作業を必要とするもの，危険な場所において使用するもの又は危険若しくは健康障害を防止するため使用するもののうち，厚生労働省令で定めるものを設置し，若しくは移転し，又はこれらの主要構造部分を変更しようとするときは，その計画を当該工事の開始の日の30日前までに，厚生労働省令で定めるところにより，労働基準監督署長に届け出なければならない。ただし，第28条の2第1項に規定する措置その他の厚生労働省令で定める措置を講じているものとして，厚生労働省令で定めるところにより労働基準監督署長が認定した事業者については，この限りでない。

②～⑦（省　略）

第99条の3　都道府県労働局長は，第61条第1項の規定により同項に規定する業務に就くことができる者が，当該業務について，この法律又はこれに基づく命令の規定に違反して労働災害を発生させた場合において，その再発を防止するため必要があると認めるときは，その者に対し，期間を定めて，都道府県労働局長の指定する者が行う講習を受けるよう指示することができる。

②（省略）

第5編　関係法令

第12章　罰則

第119条　次の各号のいずれかに該当する者は，6月以下の懲役又は50万円以下の罰金に処する。

1　第14条，第20条から第25条まで，第25条の2第1項，第30条の3第1項若しくは第4項，第31条第1項，第31条の2，第33条第1項若しくは第2項，第34条，第35条，第38条第1項，第40条第1項，第42条，第43条，第44条第6項，第44条の2第7項，第56条第3項若しくは第4項，第57条の4第5項，第57条の5第5項，第59条第3項，第61条第1項，第65条第1項，第65条の4，第68条，第89条第5項（第89条の2第2項において準用する場合を含む。），第97条第2項，第104条又は第108条の2第4項の規定に違反した者

2　第43条の2，第56条第5項，第88条第6項，第98条第1項又は第99条第1項の規定による命令に違反した者

3　第57条第1項の規定による表示をせず，若しくは虚偽の表示をし，又は同条第2項の規定による文書を交付せず，若しくは虚偽の文書を交付した者

4　第61条第4項の規定に基づく厚生労働省令に違反した者

第120条　次の各号のいずれかに該当する者は，50万円以下の罰金に処する。

1　第10条第1項，第11条第1項，第12条第1項，第13条第1項，第15条第1項，第3項若しくは第4項，第15条の2第1項，第16条第1項，第17条第1項，第18条第1項，第25条の2第2項（第30条の3第5項において準用する場合を含む。），第26条，第30条第1項若しくは第4項，第30条の2第1項若しくは第4項，第32条第1項から第6項まで，第33条第3項，第40条第2項，第44条第5項，第44条の2第6項，第45条第1項若しくは第2項，第57条の4第1項，第59条第1項（同条第2項において準用する場合を含む。），第61条第2項，第66条第1項から第3項まで，第66条の3，第66条の6，第87条第6項，第88条第1項から第4項まで，第101条第1項又は第103条第1項の規定に違反した者

2　第11条第2項（第12条第2項及び第15条の2第2項において準用する場合を含む。），第57条の5第1項，第65条第5項，第66条第4項，第98条第2項又は第99条第2項の規定による命令又は指示に違反した者

3　第44条第4項又は第44条の2第5項の規定による表示をせず，又は虚偽の表

示をした者

4〜6（省　略）

第122条　法人の代表者又は法人若しくは人の代理人，使用人その他の従業者が，その法人又は人の業務に関して，第116条，第117条，第119条又は第120条の違反行為をしたときは，行為者を罰するほか，その法人又は人に対しても，各本条の罰金刑を科する。

別表第18（第76条関係）（抄）

1〜29　（省　略）

30　ショベルローダー等運転技能講習

31〜37　（省　略）

第5編 関係法令

第4章 労働安全衛生法施行令（抄）

昭和47年政令第318号

最終改正　平成29年政令第218号

（厚生労働大臣が定める規格又は安全装置を具備すべき機械等）

第13条　①，②（省　略）

③　法第42条の政令で定める機械等は，次に掲げる機械等（本邦の地域内で使用されないことが明らかな場合を除く。）とする。

　1～29　（省　略）

　30　シヨベルローダー

　31　フオークローダー

　32～34　（省　略）

④，⑤（省　略）

解　説

1　第42号（現行＝第30号）の「シヨベルローダー」とは，原則として車体前方に備えたショベルをリフトアームにより上下させてバラ物荷役を行う二輪駆動の車両をいうものであること。

2　第43号（現行＝第31号）の「フオークローダー」とは，原則として車体前方に備えたフォークをリフトアームにより上下させて材木等の荷役を行う二輪駆動の車両をいうものであること。

3　1の「シヨベルローダー」または2の「フオークローダー」には，アタッチメントであるショベルまたはフォークを交換させて，「フオークローダー」または「シヨベルローダー」になるものがあること。

4　四輪駆動のトラクター・ショベルは従来から車両系建設機械とされてきたところであるが，今後もこの適用は変わらないこと。ただし，四輪駆動であっても互換性のないフォークを備えたものは，第43号（現行＝第31号）の「フオークローダー」としての適用を受けるものであること。

（昭53. 2. 10基発第77号）

（定期に自主検査を行うべき機械等）

第15条 法第45条第 1 項の政令で定める機械等は，次のとおりとする。

　1　第12条第 1 項各号に掲げる機械等，第13条第 3 項第 5 号，第 6 号，第 8 号，第 9 号，第14号から第19号まで及び第30号から第34号までに掲げる機械等，第14条第 2 号から第 4 号までに掲げる機械等並びに前条第10号及び第11号に掲げる機械等

　2〜11　（省　略）

②（省　略）

（職長等の教育を行うべき業種）

第19条 法第60条の政令で定める業種は，次のとおりとする。

　1　建設業

　2　製造業。ただし，次に掲げるものを除く。

　　イ　食料品・たばこ製造業（うま味調味料製造業及び動植物油脂製造業を除く。）

　　ロ　繊維工業（紡績業及び染色整理業を除く。）

　　ハ　衣服その他の繊維製品製造業

　　ニ　紙加工品製造業（セロフアン製造業を除く。）

　　ホ　新聞業，出版業，製本業及び印刷物加工業

　3　電気業

　4　ガス業

　5　自動車整備業

　6　機械修理業

（就業制限に係る業務）

第20条 法第61条第 1 項の政令で定める業務は，次のとおりとする。

　1〜12　（省　略）

　13　最大荷重（ショベルローダー又はフォークローダーの構造及び材料に応じて負荷させることができる最大の荷重をいう。）が 1 トン以上のショベルローダー又はフォークローダーの運転（道路上を走行させる運転を除く。）の業務

　14〜16　（省　略）

第5編　関係法令

> **解　説**
>
> 1　第11号の2（現行＝第13号）の「負荷させることができる」とは，安定度，ショベルローダー等の許容応力等の条件の範囲内において負荷させることができるものをいうこと。
>
> 2　第11号の2（現行＝第13号）の「最大荷重」とは，ショベルローダーについては，JIS　D6003-1976（ショベルローダー）に定めるバケットの規定重心位置（バケット容量を算出するときに仮定する一定の形状の荷の重心位置をいう。）を基準として，フォークローダーについては，その荷重中心位置を基準として算定するものであること。
>
> （昭53.2.10基発第77号）

第 5 章　労働安全衛生規則（抄）

第 **5** 章　労働安全衛生規則（抄）

昭和47年労働省令第32号

最終改正　平成29年厚生労働省令第89号

第 1 編　通　則

第 2 章の 4　危険性又は有害性等の調査等

（危険性又は有害性等の調査）

第24条の11　法第28条の 2 第 1 項の危険性又は有害性等の調査は，次に掲げる時期に行うものとする。

1　建設物を設置し，移転し，変更し，又は解体するとき。

2　設備，原材料等を新規に採用し，又は変更するとき。

3　作業方法又は作業手順を新規に採用し，又は変更するとき。

4　前三号に掲げるもののほか，建設物，設備，原材料，ガス，蒸気，粉じん等による，又は作業行動その他業務に起因する危険性又は有害性等について変化が生じ，又は生ずるおそれがあるとき。

②　法第28条の 2 第 1 項ただし書の厚生労働省令で定める業種は，令第 2 条第 1 号に掲げる業種及び同条第 2 号に掲げる業種（製造業を除く。）とする。

第 3 章　機械等並びに危険物及び有害物に関する規制

第 1 節　機械等に関する規制

（規格に適合した機械等の使用）

第27条　事業者は，法別表第 2 に掲げる機械等及び令第13条第 3 項各号に掲げる機械等については，法第42条の厚生労働大臣が定める規格又は安全装置を具備したものでなければ，使用してはならない。

（通知すべき事項）

第27条の 2　法第43条の 2 の厚生労働省令で定める事項は，次のとおりとする。

1　通知の対象である機械等であることを識別できる事項

2　機械等が法第43条の 2 各号のいずれかに該当することを示す事実

第5編　関係法令

（安全装置等の有効保持）

第28条　事業者は，法及びこれに基づく命令により設けた安全装置，覆い，囲い等
（以下「安全装置等」という。）が有効な状態で使用されるようそれらの点検及
び整備を行なわなければならない。

---解　説---

　本条の「安全装置」には，ボイラーの安全弁，クレーンの巻過ぎ防止装置等この省
令以外の労働省令において事業者に設置が義務づけられているものも含むものである
こと。　　　　　　　　　　　　　　　　　　　　　　　　　（昭47.9.18基発第601号の1）

第29条　労働者は，安全装置等について，次の事項を守らなければならない。

　1　安全装置等を取りはずし，又はその機能を失わせないこと。

　2　臨時に安全装置等を取りはずし，又はその機能を失わせる必要があるとき
　　は，あらかじめ，事業者の許可を受けること。

　3　前号の許可を受けて安全装置等を取りはずし，又はその機能を失わせたとき
　　は，その必要がなくなつた後，直ちにこれを原状に復しておくこと。

　4　安全装置等が取りはずされ，又はその機能を失つたことを発見したときは，
　　すみやかに，その旨を事業者に申し出ること。

②　事業者は，労働者から前項第4号の規定による申出があつたときは，すみやか
　に，適当な措置を講じなければならない。

---解　説---

　本条の「安全装置」には，ボイラーの安全弁，クレーンの巻過ぎ防止装置等この省
令以外の労働省令において事業者に設置が義務づけられているものも含むものである
こと。　　　　　　　　　　　　　　　　　　　　　　　　　（昭47.9.18基発第601号の1）

第4章　安全衛生教育

（雇入れ時等の教育）

第35条　事業者は，労働者を雇い入れ，又は労働者の作業内容を変更したときは，
当該労働者に対し，遅滞なく，次の事項のうち当該労働者が従事する業務に関す
る安全又は衛生のため必要な事項について，教育を行なわなければならない。た
だし，令第2条第3号に掲げる業種の事業場の労働者については，第1号から第

168

4号までの事項についての教育を省略することができる。

1　機械等，原材料等の危険性又は有害性及びこれらの取扱い方法に関すること。

2　安全装置，有害物抑制装置又は保護具の性能及びこれらの取扱い方法に関すること。

3　作業手順に関すること。

4　作業開始時の点検に関すること。

5　当該業務に関して発生するおそれのある疾病の原因及び予防に関すること。

6　整理，整頓及び清潔の保持に関すること。

7　事故時等における応急措置及び退避に関すること。

8　前各号に掲げるもののほか，当該業務に関する安全又は衛生のために必要な事項

②　事業者は，前項各号に掲げる事項の全部又は一部に関し十分な知識及び技能を有していると認められる労働者については，当該事項についての教育を省略することができる。

解　説

1　第1項の教育は，当該労働者が従事する業務に関する安全または衛生を確保するために必要な内容および時間をもって行うものとすること。

2　第1項第2号中「有害物抑制装置」とは，局所排気装置，除じん装置，排ガス処理装置のごとく有害物を除去し，または抑制する装置をいう趣旨であること。

3　第1項第3号の事項は，現場に配属後，作業見習の過程において教えることを原則とするものであること。

4　第2項は，職業訓練を受けた者等教育すべき事項について十分な知識および技能を有していると認められる労働者に対し，教育事項の全部または一部の省略を認める趣旨であること。

（昭47.9.18基発第601号の1）

（特別教育を必要とする業務）

第36条　法第59条第3項の厚生労働省令で定める危険又は有害な業務は，次のとおりとする。

1～5（省　略）

5の2　最大荷重1トン未満のシヨベルローダー又はフオークローダーの運転

第5編　関係法令

（道路上を走行させる運転を除く。）の業務

5の3〜40　（省　略）

> **解　説**
>
> 　（特別教育科目を省略する者）労働災害防止団体等が本条に掲げる業務について，第39条その他の省令で定める要件を満たす講習を行なった場合で，同講習を受講したことが明らかな者については，第37条に該当する者として取り扱って差しつかえないものであること。
>
> （昭47.9.18基発第601号の1）
>
> 〔旧規則により技能選考等の措置を受けている者〕
>
> 圃　本条に掲げる業務についている者であって，旧規則に基づく技能選考等の措置を受けているものについては，改めて法第59条第3項の「特別の教育」を行わなくてもよいか。
>
> 圀　貴見のとおり　　　　　　　　　　　　　　　　（昭47.11.15基発第725号）

（特別教育の科目の省略）

第37条　事業者は，法第59条第3項の特別の教育（以下「特別教育」という。）の科目の全部又は一部について十分な知識及び技能を有していると認められる労働者については，当該科目についての特別教育を省略することができる。

> **解　説**
>
> 〔教育事項の省略についての疑義〕
>
> 圃　新規則施行後第36条に掲げる業務につく者であって，規則施行の日以前に昭和46年3月31日付け基発第261号通達に基づく安全衛生教育を受けた者については，規則第39条に基づいて定められる告示によって示される教育事項のうち前記通達に基づいて既に実施した事項を省略して差しつかえないか。
>
> 圀　貴見のとおり。　　　　　　　　　　　　　　　（昭47.11.15基発第725号）

（特別教育の記録の保存）

第38条　事業者は，特別教育を行なつたときは，当該特別教育の受講者，科目等の記録を作成して，これを3年間保存しておかなければならない。

（特別教育の細目）

第39条　前二条及び第592条の7に定めるもののほか，第36条第1号から第13号まで，第27号，第30号から第36号まで，第39号及び第40号に掲げる業務に係る特別

教育の実施について必要な事項は，厚生労働大臣が定める。

（職長等の教育）

第40条 法第60条第3号の厚生労働省令で定める事項は，次のとおりとする。

1　法第28条の2第1項又は第57条の3第1項及び第2項の危険性又は有害性等の調査及びその結果に基づき講ずる措置に関すること。

2　異常時等における措置に関すること。

3　その他現場監督者として行うべき労働災害防止活動に関すること。

②　法第60条の安全又は衛生のための教育は，次の表の上欄（編注・左欄）に掲げる事項について，同表の下欄（編注・右欄）に掲げる時間以上行わなければならないものとする。

事　　　　項	時　　間
法第60条第1号に掲げる事項 　1　作業手順の定め方 　2　労働者の適正な配置の方法	2時間
法第60条第2号に掲げる事項 　1　指導及び教育の方法 　2　作業中における監督及び指示の方法	2.5時間
前項第1号に掲げる事項 　1　危険性又は有害性等の調査の方法 　2　危険性又は有害性等の調査の結果に基づき講ずる措置 　3　設備，作業等の具体的な改善の方法	4時間
前項第2号に掲げる事項 　1　異常時における措置 　2　災害発生時における措置	1.5時間
前項第3号に掲げる事項 　1　作業に係る設備及び作業場所の保守管理の方法 　2　労働災害防止についての関心の保持及び労働者の創意工夫を引き出す方法	2時間

③　事業者は，前項の表の上欄（編注・左欄）に掲げる事項の全部又は一部について十分な知識及び技能を有していると認められる者については，当該事項に関する教育を省略することができる。

解　説

1　第2項の教育は，次の要領によって行なうよう指導すること。

　(1)　教育の方法は，原則として討議方式とすること。

　(2)　講師は，教育事項について必要な知識および経験を有する者とすること。

第5編　関係法令

(3)　15人以内の受講者をもって１単位とすること。

　　　なお，教育は，本条に定める時間連続して行なうのが原則であるが，やむを得ない場合には，長期にわたらない一定の期間内において，分割して実施して差しつかえないものであること。

２　第３項は，職業訓練法（現行＝職業能力開発促進法）に基づく現場監督者訓練課程を修了した者等教育事項について十分な知識および技能を有していると認められる者に対し，当該教育事項の全部または一部の省略を認める趣旨であること。

３　労働災害防止団体等が本条の要件を満たす講習を行なった場合で，同講習を受講したことが明らかな者については，第３項に該当する者として取り扱って差しつかえないものであること。

４　建設業のうち，内装工事業および床工事業については，本条第２項に定める教育時間が確保されていなくても当該作業について労働災害防止上必要な知識に関する教育が行なわれている限り，違反として取り扱わないものとすること。

(昭47.9.18基発第601号の１)

第5章　就業制限

（就業制限についての資格）

第41条　法第61条第１項に規定する業務につくことができる者は，別表第３の上欄（編注・左欄）に掲げる業務の区分に応じて，それぞれ，同表の下欄（編注・右欄）に掲げる者とする。

別表第3（第41条関係）(抄)

業 務 の 区 分	業 務 に つ く こ と が で き る 者
令第20条第13号の業務	１　ショベルローダー等運転技能講習を修了した者 ２　職業能力開発促進法第27条第１項の準則訓練である普通職業訓練のうち職業能力開発促進法施行規則別表第２の訓練科の欄に定める揚重運搬機械運転系港湾荷役科の訓練（通信の方法によつて行うものを除く。）を修了した者で，ショベルローダー等についての訓練を受けたもの ３　その他厚生労働大臣が定める者

172

第7章　免許等

第3節　技能講習

（技能講習の受講資格及び講習科目）

第79条　法別表第18第1号から第17号まで及び第28号から第35号までに掲げる技能講習の受講資格及び講習科目は，別表第6のとおりとする。

別表第6（第79条関係）（抄）

区　　　　分	受 講 資 格	講　習　科　目
シヨベルローダー等運転技能講習		1　学科講習 　イ　走行に関する装置の構造及び取扱いの方法に関する知識 　ロ　荷役に関する装置の構造及び取扱いの方法に関する知識 　ハ　運転に必要な力学に関する知識 　ニ　関係法令 2　実技講習 　イ　走行の操作 　ロ　荷役の操作

（受講手続）

第80条　技能講習を受けようとする者は，技能講習受講申込書（様式第15号）を当該技能講習を行う登録教習機関に提出しなければならない。

（技能講習修了証の交付）

第81条　技能講習を行つた登録教習機関は，当該講習を修了した者に対し，遅滞なく，技能講習修了証（様式第17号）を交付しなければならない。

（技能講習修了証の再交付等）

第82条　技能講習修了証の交付を受けた者で，当該技能講習に係る業務に現に就いているもの又は就こうとするものは，これを滅失し，又は損傷したときは，第3項に規定する場合を除き，技能講習修了証再交付申込書（様式第18号）を技能講習修了証の交付を受けた登録教習機関に提出し，技能講習修了証の再交付を受けなければならない。

②　前項に規定する者は，氏名を変更したときは，第3項に規定する場合を除き，技能講習修了証書替申込書（様式第18号）を技能講習修了証の交付を受けた登録教習機関に提出し，技能講習修了証の書替えを受けなければならない。

③ 第1項に規定する者は，技能講習修了証の交付を受けた登録教習機関が当該技能講習の業務を廃止した場合（当該登録を取り消された場合及び当該登録がその効力を失つた場合を含む。）及び労働安全衛生法及びこれに基づく命令に係る登録及び指定に関する省令（昭和47年労働省令第44号）第24条第1項ただし書に規定する場合に，これを滅失し，若しくは損傷したとき又は氏名を変更したときは，技能講習修了証明書交付申込書（様式第18号）を同項ただし書に規定する厚生労働大臣が指定する機関に提出し，当該技能講習を修了したことを証する書面の交付を受けなければならない。

④ 前項の場合において，厚生労働大臣が指定する機関は，同項の書面の交付を申し込んだ者が同項に規定する技能講習以外の技能講習を修了しているときは，当該技能講習を行つた登録教習機関からその者の当該技能講習の修了に係る情報の提供を受けて，その者に対して，同項の書面に当該技能講習を修了した旨を記載して交付することができる。

（技能講習の細目）

第83条 第79条から前条までに定めるもののほか，法別表第18第1号から第17号まで及び第28号から第35号までに掲げる技能講習の実施について必要な事項は，厚生労働大臣が定める。

第2編　安全基準

第1章の2　荷役運搬機械等

第1節　車両系荷役運搬機械等

第1款　総　則

（定　義）

第151条の2 この省令において車両系荷役運搬機械等とは，次の各号のいずれかに該当するものをいう。

1　（省　略）

2　シヨベルローダー

3　フオークローダー

4〜7（省　略）

第5章　労働安全衛生規則（抄）

（作業計画）

第151条の3　事業者は，車両系荷役運搬機械等を用いて作業（不整地運搬車又は貨物自動車を用いて行う道路上の走行の作業を除く。以下第151条の7までにおいて同じ。）を行うときは，あらかじめ，当該作業に係る場所の広さ及び地形，当該車両系荷役運搬機械等の種類及び能力，荷の種類及び形状等に適応する作業計画を定め，かつ，当該作業計画により作業を行わなければならない。

②　前項の作業計画は，当該車両系荷役運搬機械等の運行経路及び当該車両系荷役運搬機械等による作業の方法が示されているものでなければならない。

③　事業者は，第1項の作業計画を定めたときは，前項の規定により示される事項について関係労働者に周知させなければならない。

解　説

1　本条は，車両系荷役運搬機械等を用いて作業を行うときの作業の安全を図るため，事前に作業の方法等について検討させ，作業計画を定めさせることとしたものであること。

2　第1項の「車両系荷役運搬機械等を用いて作業を行うとき」の「作業」には，フォークリフト等を用いる貨物の積卸しのほか，構内の走行も含むこと。

3　第1項の「荷の種類及び形状等」の「等」には，荷の重量，荷の有害性等が含まれること。

4　第2項の「作業の方法」には，作業に要する時間が含まれること。

5　第3項の「関係労働者に周知」は，口頭による周知で差し支えないが，内容が複雑な場合等で口頭による周知が困難なときは，文書の配布，掲示等によること。

（昭53.2.10基発第78号）

（作業指揮者）

第151条の4　事業者は，車両系荷役運搬機械等を用いて作業を行うときは，当該作業の指揮者を定め，その者に前条第1項の作業計画に基づき作業の指揮を行わせなければならない。

解　説

本条の作業指揮者は，単独作業を行う場合には，特に選任を要しないものであること。また，はい作業主任者等が選任されている場合でこれらの者が作業指揮を併せて行えるときは，本条の作業指揮者を兼ねても差し支えないものであること。なお，事業者を異にする荷の受渡しが行われるときまたは事業者を異にする作業が輻輳すると

175

第5編　関係法令

きの作業指揮は，各事業者ごとに作業指揮者が指名されることになるが，この場合は，各作業指揮者間において作業の調整を行わせること。

(昭53. 2. 10基発第78号)

（制限速度）

第151条の5　事業者は，車両系荷役運搬機械等（最高速度が毎時10キロメートル以下のものを除く。）を用いて作業を行うときは，あらかじめ，当該作業に係る場所の地形，地盤の状態等に応じた車両系荷役運搬機械等の適正な制限速度を定め，それにより作業を行わなければならない。

②　前項の車両系荷役運搬機械等の運転者は，同項の制限速度を超えて車両系荷役運搬機械等を運転してはならない。

解　説

　第1項の「制限速度」は，事業者の判断で適正と認められるものを定めるものであるが，定められた制限速度については，事業者および労働者とも拘束されるものであること。
　なお，「制限速度」は必要に応じて車種別，場所別に定めること。

(昭53. 2. 10基発第78号)

（転落等の防止）

第151条の6　事業者は，車両系荷役運搬機械等を用いて作業を行うときは，車両系荷役運搬機械等の転倒又は転落による労働者の危険を防止するため，当該車両系荷役運搬機械等の運行経路について必要な幅員を保持すること，地盤の不同沈下を防止すること，路肩の崩壊を防止すること等必要な措置を講じなければならない。

②　事業者は，路肩，傾斜地等で車両系荷役運搬機械等を用いて作業を行う場合において，当該車両系荷役運搬機械等の転倒又は転落により労働者に危険が生ずるおそれのあるときは，誘導者を配置し，その者に当該車両系荷役運搬機械等を誘導させなければならない。

③　前項の車両系荷役運搬機械等の運転者は，同項の誘導者が行う誘導に従わなければならない。

第5章 労働安全衛生規則（抄）

> **解 説**
>
> 1 第1項の「必要な幅員を保持すること，地盤の不同沈下を防止すること，路肩の崩壊を防止すること等」の「等」には，ガードレールの設置等が含まれること。
> 2 転倒，転落等のおそれのないようにガードレールの設置等が適切に行われている場合には，第2項の誘導者の配置を要しないものであること。
>
> （昭53.2.10基発第78号）

（接触の防止）

第151条の7 事業者は，車両系荷役運搬機械等を用いて作業を行うときは，運転中の車両系荷役運搬機械等又はその荷に接触することにより労働者に危険が生ずるおそれのある箇所に労働者を立ち入らせてはならない。ただし，誘導者を配置し，その者に当該車両系荷役運搬機械等を誘導させるときは，この限りでない。

② 前項の車両系荷役運搬機械等の運転者は，同項ただし書の誘導者が行う誘導に従わなければならない。

> **解 説**
>
> 第1項の「危険が生ずるおそれがある箇所」には，機械の走行範囲だけでなく，ショベルローダーのバケット等の荷役装置の可動範囲，フォークローダーの材木のはみ出し部分等があること。
>
> （昭53.2.10基発第78号）

（合 図）

第151条の8 事業者は，車両系荷役運搬機械等について誘導者を置くときは，一定の合図を定め，誘導者に当該合図を行わせなければならない。

② 前項の車両系荷役運搬機械等の運転者は，同項の合図に従わなければならない。

（立入禁止）

第151条の9 事業者は，車両系荷役運搬機械等（構造上，フオーク，シヨベル，アーム等が不意に降下することを防止する装置が組み込まれているものを除く。）については，そのフオーク，シヨベル，アーム等又はこれらにより支持されている荷の下に労働者を立ち入らせてはならない。ただし，修理，点検等の作業を行う場合において，フオーク，シヨベル，アーム等が不意に降下することによる労働者の危険を防止するため，当該作業に従事する労働者に安全支柱，安全

177

第5編 関係法令

ブロツク等を使用させるときは，この限りでない。

② 前項ただし書の作業を行う労働者は，同項ただし書の安全支柱，安全ブロツク等を使用しなければならない。

解　説

1　第1項の「アーム等」の「等」には，ダンプトラックの荷台等が含まれること。

2　第1項の「安全支柱，安全ブロツク等」はフォーク，ショベル，アーム等を確実に支えることができる強度を有するものであること。

　　なお，「安全ブロツク等」の「等」には架台等があること。

(昭53. 2. 10基発第78号)

（荷の積載）

第151条の10　事業者は，車両系荷役運搬機械等に荷を積載するときは，次に定めるところによらなければならない。

1　偏荷重が生じないように積載すること。

2　（省　略）

解　説

1　第1号は，荷を積載したときに荷重が一方に偏り転倒等の災害が発生することを防止する趣旨であること。

2　第1号の「偏荷重が生じないように積載する」とは，例えばフォークローダーについては偏った材木のくわえこみをしないようにすること等荷の積載に際し荷重が不均等にならないようにすることであるが，コンテナーをトラック等に積載するときに内部を点検する等の措置は，必要がないものであること。

(昭53. 2. 10基発第78号)

（運転位置から離れる場合の措置）

第151条の11　事業者は，車両系荷役運搬機械等の運転者が運転位置から離れるときは，当該運転者に次の措置を講じさせなければならない。

1　フオーク，シヨベル等の荷役装置を最低降下位置に置くこと。

2　原動機を止め，かつ，停止の状態を保持するためのブレーキを確実にかける等の車両系荷役運搬機械等の逸走を防止する措置を講ずること。

② 前項の運転者は，車両系荷役運搬機械等の運転位置から離れるときは，同項各号に掲げる措置を講じなければならない。

178

第5章　労働安全衛生規則（抄）

> **解　説**
>
> 1　第1項第1号の「荷役装置を最低降下位置に置くこと」の「最低降下位置」は，構造上降下させることができる最低の位置であること。
> 2　第1項第2号の「ブレーキを確実にかける等」の「等」には，くさびまたはストッパーで止めることが含まれること。
>
> 　　　　　　　　　　　　　　　　　　　　　　　　　　　（昭53.2.10基発第78号）

（車両系荷役運搬機械等の移送）

第151条の12　事業者は，車両系荷役運搬機械等を移送するため自走又はけん引により貨物自動車に積卸しを行う場合において，道板，盛土等を使用するときは，当該車両系荷役運搬機械等の転倒，転落等による危険を防止するため，次に定めるところによらなければならない。

　1　積卸しは，平たんで堅固な場所において行うこと。

　2　道板を使用するときは，十分な長さ，幅及び強度を有する道板を用い，適当なこう配で確実に取り付けること。

　3　盛土，仮設台等を使用するときは，十分な幅及び強度並びに適当なこう配を確保すること。

> **解　説**
>
> 　本条は，第161条の車両系建設機械の移送の場合と同様の趣旨であること。
>
> 　　　　　　　　　　　　　　　　　　　　　　　　　　　（昭53.2.10基発第78号）
>
> 〔注〕第161条の解釈は次のとおり。
> 1　「貨物自動車等」の「等」には，トレーラーが含まれること。
> 2　第2号の「十分な」とは，積卸しを行なう車両系建設機械の重量および大きさに応じて決定されるべきものであること。
> 　　また，「適当なこう配」とは，当該機械の登坂力等の性能を勘案し，安全な範囲のこう配をいうものであること。
> 3　第3号の盛土の強度については，盛土にくい丸太打ちを施し，かつ，十分につき固めるなどの措置を講ずることにより確保されるものであること。
>
> 　　　　　　　　　　　　　　　　　　　　　　　　　　（昭47.9.18基発第601号の1）

（搭乗の制限）

第151条の13　事業者は，車両系荷役運搬機械等（不整地運搬車及び貨物自動車を

第5編　関係法令

除く。）を用いて作業を行うときは，乗車席以外の箇所に労働者を乗せてはならない。ただし，墜落による労働者の危険を防止するための措置を講じたときは，この限りでない。

> **解　説**
>
> 1　本条は，フォークリフトに関する改正前の労働安全衛生規則（以下「旧安衛則」という。）第442条の規定と同様の趣旨から車両系荷役運搬機械等全搬に関して設けられたものであること。
> 2　ただし書の「危険を防止するための措置」とは，ストラドルキャリヤー等の高所や走行中の車両系荷役運搬機械等から労働者が墜落することを防止するための覆い，囲い等を設けることをいうものであること。
>
> （昭53. 2. 10基発第78号）

（主たる用途以外の使用の制限）

第151条の14　事業者は，車両系荷役運搬機械等を荷のつり上げ，労働者の昇降等当該車両系荷役運搬機械等の主たる用途以外の用途に使用してはならない。ただし，労働者に危険を及ぼすおそれのないときは，この限りでない。

> **解　説**
>
> 1　本条は，墜落のみでなく，はさまれ，まき込まれ等の危険も併せて防止する趣旨であること。
> 2　ただし書の「危険を及ぼすおそれのないとき」とは，フォークリフト等の転倒のおそれがない場合で，パレット等の周囲に十分な高さの手すりもしくはわく等を設け，かつ，パレット等をフォークに固定することまたは労働者に命綱を使用させること等の措置を講じたときをいうこと。
>
> （昭53. 2. 10基発第78号）

（修理等）

第151条の15　事業者は，車両系荷役運搬機械等の修理又はアタツチメントの装着若しくは取外しの作業を行うときは，当該作業を指揮する者を定め，その者に次の事項を行わせなければならない。

1　作業手順を決定し，作業を直接指揮すること。

2　第151条の9第1項ただし書に規定する安全支柱，安全ブロツク等の使用状況を監視すること。

180

第5章　労働安全衛生規則（抄）

解　説

　本条は，複数以上の労働者が作業を行う場合において労働者相互の連絡が不十分なことによる機械の不意の起動，重量物の落下等の災害を防止するために定めたものであり，単独で行う簡単な部品の取替え等労働者に危険を及ぼすおそれのない作業については指揮者の選任を要しないものであること。

(昭53. 2. 10基発第78号)

第3款　シヨベルローダー等

（前照灯及び後照灯）

第151条の27　事業者は，シヨベルローダー又はフオークローダー（以下「シヨベルローダー等」という。）については，前照灯及び後照灯を備えたものでなければ使用してはならない。ただし，作業を安全に行うため必要な照度が保持されている場所においては，この限りでない。

解　説

　本条ただし書の「作業を安全に行うため必要な照度が保持されている場所」とは，昼間の戸外，十分な照明がなされている場所等をいうものであること。
　なお，道路運送車両法の適用のある機械については，同法の規定による前照灯の設置があれば，本条の前照灯の設置があるものとして取り扱うこと。

(昭53. 2. 10基発第78号)

（ヘツドガード）

第151条の28　事業者は，シヨベルローダー等については，堅固なヘツドガードを備えたものでなければ使用してはならない。ただし，荷の落下によりシヨベルローダー等の運転者に危険を及ぼすおそれのないときは，この限りでない。

解　説

1　「堅固なヘツドガード」の構造上の基準は，具体的には第151条の17（略）に関して示した基準に準じて考えること。
2　ただし書の「荷の落下によりシヨベルローダー等の運転者に危険を及ぼすおそれのないとき」とは，例えばフォークローダーで材木を上下からつかんで荷役し木材が運転者の方向に飛来するおそれがない構造になっているものを使用しているとき等をいうものであること。

(昭53. 2. 10基発第78号)

181

第5編　関係法令

（荷の積載）

第151条の29　事業者は，シヨベルローダー等については，運転者の視野を妨げないように荷を積載しなければならない。

（使用の制限）

第151条の30　事業者は，シヨベルローダー等については，最大荷重その他の能力を超えて使用してはならない。

> **解　説**
>
> 　「その他の能力」には，安定度が含まれること。なお，ショベルローダー等の安定度は，別途定める構造規格によること。なお，構造規格が定められるまでの間は，メーカーの示す安定度を目安とすること。
>
> （昭53.2.10基発第78号）

（定期自主検査）

第151条の31　事業者は，シヨベルローダー等については，1年を超えない期間ごとに1回，定期に，次の事項について自主検査を行わなければならない。ただし，1年を超える期間使用しないシヨベルローダー等の当該使用しない期間においては，この限りでない。

1　原動機の異常の有無

2　動力伝達装置及び走行装置の異常の有無

3　制動装置及び操縦装置の異常の有無

4　荷役装置及び油圧装置の異常の有無

5　電気系統，安全装置及び計器の異常の有無

② 　事業者は，前項ただし書のシヨベルローダー等については，その使用を再び開始する際に，同項各号に掲げる事項について自主検査を行わなければならない。

> **解　説**
>
> 　道路運送車両法の適用のある機械で，同法で定めるところにより，車検，自主検査等を実施した部分については，定期自主検査を省略して差し支えないこと。
>
> （昭53.2.10基発第78号）

第151条の32　事業者は，シヨベルローダー等については，1月を超えない期間ごとに1回，定期に，次の事項について自主検査を行わなければならない。ただ

182

し，1月を超える期間使用しないシヨベルローダー等の当該使用しない期間においては，この限りでない。

1　制動装置，クラツチ及び操縦装置の異常の有無

2　荷役装置及び油圧装置の異常の有無

3　ヘツドガードの異常の有無

②　事業者は，前項ただし書のシヨベルローダー等については，その使用を再び開始する際に，同項各号に掲げる事項について自主検査を行わなければならない。

解　説

前条に関する基発第78号通達の解釈に同じ。

（定期自主検査の記録）

第151条の33　事業者は，前二条の自主検査を行つたときは，次の事項を記録し，これを3年間保存しなければならない。

1　検査年月日

2　検査方法

3　検査箇所

4　検査の結果

5　検査を実施した者の氏名

6　検査の結果に基づいて補修等の措置を講じたときは，その内容

解　説

本条は，第135条の2と同様の趣旨であること。

（昭53.2.10基発第78号）

〔注〕第135条の2の解釈は次のとおり。

1　本条は，従来から定められていた定期自主検査の結果の記録についてその記載内容を明確にしたものであること。

2　第1項第2号の「検査方法」には，検査機器を使用したときの検査機器の名称等が含まれること。

3　第1項第6号の「その内容」には，補修箇所，補修日時，補修の方法及び部品取替えの状況等が含まれること。

（昭53.2.10基発第78号）

第5編　関係法令

（点　検）

第151条の34　事業者は，シヨベルローダー等を用いて作業を行うときは，その日の作業を開始する前に，次の事項について点検を行わなければならない。

1　制動装置及び操縦装置の機能

2　荷役装置及び油圧装置の機能

3　車輪の異常の有無

4　前照灯，後照灯，方向指示器及び警報装置の機能

解　説

第151条の31に関する基発第78号通達の解釈に同じ。

（補修等）

第151条の35　事業者は，第151条の31若しくは第151条の32の自主検査又は前条の点検を行つた場合において，異常を認めたときは，直ちに補修その他必要な措置を講じなければならない。

第5章　労働安全衛生規則（抄）

様式第15号（第75条，第80条関係）

（　　　）技　能　講　習受講申込書
　　　　　　　　運転実技教習

（ふりがな）氏　　　　　　名	
生　年　月　日	
住　　　　　　所	
講習の一部免除を希望する範囲	

収　入 印　紙

　　　　　　　年　　　月　　　日

　　　　　　　　　　申込者　氏　　　　　名

（　　　　　）殿

備考

　1　表題の（　）内には，受講しようとする技能講習又は運転実技教習の種類を記入すること。

　2　表題中，「技能講習」又は「運転実技教習」のうち該当しない文字は，抹消すること。

　3　技能講習を受けようとする者は，技能講習を受けることのできる資格を有することを証する書面を添付すること。

　4　技能講習の一部の免除を受けようとする者は，その資格を有することを証する書面を添付すること。

　5　都道府県労働局長の行う技能講習を受講する者にあつては，受講料は収入印紙を受講申込書に貼り付けて納入するものとし，その収入印紙は，申込者において消印しないこと。

　6　末尾の（　）内には，技能講習を行う都道府県労働局長又は技能講習若しくは運転実技教習を行う登録教習機関の名称を記入すること。

第５編　関係法令

様式第17号（第81条関係）

（第　4　面）	（第　1　面）
注　意　事　項 1　本修了証は，大切にし，作業中は必ず携帯すること。 2　本修了証を減失し，又は損傷したときは，再交付を受けること。 3　「備考」の欄は，本人において記入しないこと。	（　　　　）技能講習修了証

64mm

◀─── 91mm ───▶ ◀─── 91mm ───▶

（第　2　面）	（第　3　面）
第　　　　号 　　　年　　月　　日交付 都道府県労働局長 登　録　教　習　機　関　　印 備　考	氏　名＿＿＿＿＿＿＿＿ 　　　　年　　月　　日生 住　所

186

第 5 章　労働安全衛生規則（抄）

様式第18号（第82条関係）

$$\left(\qquad\right)\text{技能講習}\ \left.\begin{array}{l}修\ 了\ 証\ 再\ 交\ 付\\修\ 了\ 証\ 書\ 替\\修\ 了\ 証\ 明\ 書\ 交\ 付\end{array}\right\}\ 申込書$$

（ ふ り が な ） 氏　　　　　　　名	
生　　年　　月　　日	
住　　　　　　　所	
再　交　付　等　の　理　由	

　　　年　　月　　日

　　　　　　　　　　　　　　　申込者　氏　　　　　　　名

　（　　　　　）殿

備考

1　表題の（　　　　）内には労働安全衛生法別表第18各号の技能講習の種類を記入し，「修了証再交付」，「修了証書替」及び「修了証明書交付」のうち，該当しない文字を抹消すること。

2　損傷による修了証の再交付又は修了証明書の交付の申込みの場合にあつては旧修了証を，氏名の変更による修了証の書替え又は修了証明書の交付の申込みの場合にあつては旧修了証及び記載事項の異動を証する書面を添付すること。

3　末尾の（　　　　）内には，技能講習修了証の交付を受けた登録教習機関（登録教習機関が当該技能講習の業務を廃止した場合（当該登録を取り消された場合及び当該登録がその効力を失つた場合を含む。）及び労働安全衛生法及びこれに基づく命令に係る登録及び指定に関する省令第24条第1項ただし書に規定する場合にあつては，同項ただし書に規定する厚生労働大臣が指定する機関）の名称を記入すること。

第5編　関係法令

第6章 ショベルローダー等運転技能講習規程

昭和52年労働省告示第119号

改正　平成29年厚生労働省告示第59号

　労働安全衛生規則（昭和47年労働省令第32号）第83条の規定に基づき，ショベル
ローダー等運転技能講習規程を次のように定め，昭和53年1月1日から適用する。

（講　師）

第1条　ショベルローダー等運転技能講習（以下「技能講習」という。）の講師
　は，労働安全衛生法（昭和47年法律第57号）別表第20第17号の表の講習科目の欄
　に掲げる講習科目に応じ，それぞれ同表の条件の欄に掲げる条件のいずれかに適
　合する知識経験を有する者とする。

＜参考＞労働安全衛生法　別表第20（第77条関係＜登録教習機関＞）（抄）

17　フォークリフト運転技能講習及びショベルローダー等運転技能講習

講　習　科　目		条　　　　件
学科講習	走行に関する装置の構造及び取扱いの方法に関する知識	1　大学等において機械工学に関する学科を修めて卒業した者であること。 2　高等学校等において機械工学に関する学科を修めて卒業した者で，その後3年以上自動車の設計，製作，検査又は整備の業務に従事した経験を有するものであること。 3　前二号に掲げる者と同等以上の知識経験を有する者であること。
	荷役に関する装置の構造及び取扱いの方法に関する知識	1　大学等において機械工学に関する学科を修めて卒業した者であること。 2　高等学校等において機械工学に関する学科を修めて卒業した者で，その後3年以上フォークリフト又はショベルローダー等の設計，製作，検査又は整備の業務に従事した経験を有するものであること。 3　前二号に掲げる者と同等以上の知識経験を有する者であること。
	運転に必要な力学に関する知識	1　大学等において力学に関する学科を修めて卒業した者であること。 2　高等学校等において力学に関する学科を修めて卒

188

		業した者で，その後３年以上フォークリフト又はショベルローダー等の運転の業務に従事した経験を有するものであること。 3　前二号に掲げる者と同等以上の知識経験を有する者であること。
	関係法令	1　大学等を卒業した者で，その後１年以上安全の実務に従事した経験を有するものであること。 2　前号に掲げる者と同等以上の知識経験を有する者であること。
実技講習	走行の操作 荷役の操作	1　大学等において機械工学に関する学科を修めて卒業した者で，その後１年以上フォークリフト又はショベルローダー等の運転の業務に従事した経験を有するものであること。 2　高等学校等において機械工学に関する学科を修めて卒業した者で，その後３年以上フォークリフト又はショベルローダー等の運転の業務に従事した経験を有するものであること。 3　フォークリフト運転技能講習又はショベルローダー等運転技能講習を修了した者で，その後５年以上フォークリフト又はショベルローダー等の運転の業務に従事した経験を有するものであること。 4　前三号に掲げる者と同等以上の知識経験を有する者であること。

（講習科目の範囲及び時間）

第２条　技能講習のうち学科講習は，次の表の上欄（編注：左欄）に掲げる講習科目に応じ，それぞれ，同表の中欄に掲げる範囲について同表の下欄（編注：右欄）に掲げる講習時間により，教本等必要な教材を用いて行うものとする。

講　習　科　目	範　　　　　　　　　囲	講習時間
走行に関する装置の構造及び取扱いの方法に関する知識	ショベルローダー等（労働安全衛生法施行令（昭和47年政令第318号。以下この条において「令」という。）第20条第13号のショベルローダー又はフォークローダーをいう。）の原動機，動力伝達装置，走行装置，操縦装置，制動装置，電気装置，警報装置及び走行に関する附属装置の構造及び取扱い方法	４時間
荷役に関する装置の構造及び取扱いの方法に関する知識	ショベルローダー等の荷役装置，油圧装置，ヘツドガード及び荷役に関する附属装置の構造及び取扱い方法	４時間
運転に必要な力学に関する知識	力（合成，分解，つり合い及びモーメント）　重量　重心及び物の安定　速度及び加速度　荷重　応力　材料の強さ	２時間
関係法令	労働安全衛生法，令及び労働安全衛生規則中の関係条項	１時間

第5編　関係法令

②　技能講習のうち実技講習は，次の表の上欄（編注：左欄）に掲げる講習科目に
応じ，それぞれ，同表の中欄に掲げる範囲について同表の下欄（編注：右欄）に
掲げる講習時間により行うものとする。

講　習　科　目	範　　　　　囲	講習時間
走行の操作	基本操作　定められたコースによる基本走行及び応用走行	20時間
荷役の操作	基本操作　定められた方法による荷の移動及び積重ね	4時間

③　第1項の学科講習は，おおむね100人以内の受講者を，前項の実技講習は，10
人以内の受講者を，それぞれ1単位として行うものとする。

> **解　説**
>
> 　技能講習規程中の「講習科目の範囲及び時間」に関する表の講習時間の欄に掲げる時
> 間数は，必要最小限の時間数を示すものであること。　　　　　（昭53.2.10基発第81号）
> 1　本条第2項の実技講習は，基本操作のほか，2のコースにおいて，発進，停止，加
> 　速，減速，右折，左折，後進等の基本走行，荷を積んで行う方向変換，障害物の通過
> 　等の応用走行及び荷の移動，積重ね等の荷役の操作を，最大荷重が2t以上のショベ
> 　ルローダー等を使用して各受講者にそれぞれ実際に行わせるものであること。
> 2　第2項の実技講習の「定められたコース」は，別図1に示す単位のコースを講習場
> 　所の広さに応じて適当に組み合わせるものとすること。なお，このほか，適当な周回
> 　コース（長円形のコース）を追加することが望ましいこと。　（昭53.2.10基発第81号）
>
> **別図1　実技講習における単位のコース**
>
>
> 方向変換コースB　　　　屈折コース　　　　方向変換コースA
>
> a＝(試験用のショベルローダー又はフォークローダーの全幅)×2.1
> b＝(試験用のショベルローダー又はフォークローダーの全幅)×2.1＋10cm
> c＝(試験用のショベルローダー又はフォークローダーの全幅)×2.5
> d＝(試験用のショベルローダー又はフォークローダーの全長)×1.15

（講習科目の受講の一部免除）

第3条 次の表の上欄（編注：左欄）に掲げる者は，それぞれ，同表の下欄（編注：右欄）に掲げる講習科目について当該科目の受講の免除を受けることができる。

受講の免除を受けることができる者	講　習　科　目
建設業法施行令（昭和31年政令第273号）第27条の3に規定する建設機械施工技術検定に合格した者	走行に関する装置の構造及び取扱いの方法に関する知識 運転に必要な力学に関する知識 走行の操作
道路交通法（昭和35年法律第105号）第84条第3項の大型特殊自動車免許（カタピラを有する自動車のみを運転することを免許の条件とするものを除く。）を有する者又は同項の大型自動車免許，中型自動車免許，準中型自動車免許，普通自動車免許若しくは大型特殊自動車免許（カタピラを有する自動車のみを運転することを免許の条件とするものに限る。）を有し，かつ，3月以上シヨベルローダー又はフオークローダーの運転の業務（鉱山保安法（昭和24年法律第70号）第2条第2項及び第4項の規定による鉱山における当該業務を含む。以下同じ。）に従事した経験を有する者	走行に関する装置の構造及び取扱いの方法に関する知識 走行の操作
道路交通法第84条第3項の大型自動車免許，中型自動車免許，準中型自動車免許，普通自動車免許又は大型特殊自動車免許，（カタピラを有する自動車のみを運転することを免許の条件とするものに限る。）を有する者	走行に関する装置の構造及び取扱いの方法に関する知識
6月以上シヨベルローダー又はフオークローダーの運転の業務に従事した経験を有する者	走行の操作

解　説

表の「受講の免除を受けることができる者」欄中「カタピラを有する自動車のみを運転することを免許の条件とするもの」とは，道路交通法第91条の規定によりカタピラを有する自動車に限って運転することができる限定付免許をいう趣旨であること。

(昭53.2.10基発第81号)

第5編　関係法令

（修了試験）

第4条　技能講習においては，修了試験を行うものとする。

②　修了試験は，学科試験及び実技試験とする。

③　学科試験は，技能講習のうち学科講習の科目について，筆記試験又は口述試験によって行う。

④　実技試験は，技能講習のうち実技講習の科目について行う。

⑤　前三項に定めるもののほか，修了試験の実施について必要な事項は，厚生労働省労働基準局長の定めるところによる。

解　説

1　学科試験は筆記試験により行なうことを原則とし，口述試験は受験者が文字を書くことが困難である場合等筆記試験を行うことが困難である場合に限って行うものとすること。

2　学科試験の時間は，学科講習の全科目を通じ，筆記試験にあっては1時間，口述試験にあっては受験者1人当たり20分とすること。

3　学科試験の問題は，学科講習の講習科目の範囲全般について，受験者が講習内容の知識を十分に知得しているか否かを判定することができる程度のものとすること。

4　学科試験の採点は各科目の点数の合計100点をもって満点とし，合格は，各科目の得点が各科目の配点の40%以上であって，かつ全科目の得点の合計が60点以上である場合とすること。

5　受験について不正の行為があった者は，不合格とすること。

（昭53. 2. 10基発第81号）

①　学科試験

学科試験の科目ごとの配点は，次によること。

(1)　「ショベルローダー等の走行に関する装置の構造及び取扱いの方法に関する知識」　　　　　　　　　　　　　　　　　　　　　　　　　　　　　　　　30点

(2)　「ショベルローダー等の荷役に関する装置の構造及び取扱いの方法に関する知識」　　　　　　　　　　　　　　　　　　　　　　　　　　　　　　　　30点

(3)　「ショベルローダー等の運転に必要な力学に関する知識」　　　　　　　20点

(4)　「関係法令」　　　　　　　　　　　　　　　　　　　　　　　　　　　20点

　　　（合　計）　　　　　　　　　　　　　　　　　　　　　　　　　（100点）

②　実技試験

(1)　試験の程度は，ショベルローダー等を安全かつ正確に運転するために必要な技能の有無を判定することができる程度のものとすること。

(2)　試験用のショベルローダーまたはフォークローダーは，最大荷重が2 t以上の

ショベルローダーまたはフォークローダーのうちから，あらかじめ，その型式を定めておくものとすること。

⑶　コースは別図2に示す単位のコースを試験場所の広さに応じて適当に組み合わせるものとすること。

⑷　コースの上には，次に示す障害物を別図2のとおり配置すること。

イ．ゲート

竹さお，ロープ等適当な物で作り，その高さは試験用のショベルローダーまたはフォークローダーの全高に45㎝を加えた高さとする。

ロ．障害物

空箱，木材その他適当な物（高さ50㎝以上）とする。

⑸　試験用の荷としては，ショベルローダーにあっては砂，フォークローダーにあっては，長さ約2メートルの木材を使用し，最初に別図2に示す方向変換コースAの積みおろし場所に置いておくこと。

⑹　方向変換コースAおよびBの指定位置には，試験用の荷を積みおろしする場所をテープ等で明示すること。

⑺　試験の実施要領は，次によること。

イ．スタート線から発進し，ゲートを通過して方向変換コースAに入る。

ロ．積みおろし場所においてある荷を積み上げ，後進で方向変換コースAを出，再び前進する。

ハ．前進のまま屈折コースを通過し，方向変換コースBに入る。

ニ．荷を積みおろし場所内におろし，後進で方向変換コースBを出，そのまま後進でゴール線に至り，所定位置に停止する。

ホ．次の者はニのゴール線をスタート線とし，イのスタート線をゴール線として同じ手順で行う。

ヘ．試験の際は，受験者が交替する都度，メインスイッチを切り，または入れる必要はないこと。

ト．あらかじめ，熟練者に数回模範的に行わせ，その平均所要時間を調べておくこと。

⑻　実技試験の採点は，減点式採点法により行うものとし，その基準は，原則として別表1によるものとすること。この場合，満点は100点とし，70点以上である場合を合格とすること。

(昭53.2.10基発第81号)

別図2　実技試験における単位のコース

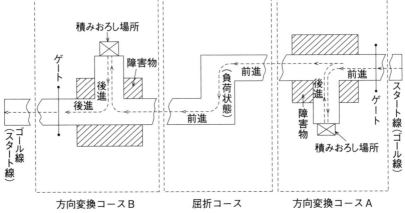

（注）　コースの寸法は，別図1と同じものとする。

別表1

減　点　基　準

区分	減点数	5　点	3　点	2　点
走行の操作	乗　　車			1．指定箇所以外から乗ること 2．飛び乗りをすること
	スタート線からの発進		1．車の直後その他車のまわりの安全を確認しないこと 2．シヨベル又はフオークの高さが高過ぎること	1．サイドブレーキを解き忘れること 2．左手でハンドルのノブを握っていないこと。
	走　　行 (荷を積載して走行する場合を含む。)	1．コースから脱輪すること 2．ゲート又は障害物と接触すること	1．前進の状態で急停止すること（荷を積載して走行する場合に限る。） 2．シヨベル又はフオークの高さが高過ぎること（荷を積載して走行する場合に限る。） 3．後進する際後方の安全を確認しないこと	1．前後進のやり直しをすること 2．屈折コースを右折または左折する際徐行しないこと
	ゴール線での停止		1．サイドブレーキを完全にかけないこと 2．シヨベル又はフオークを最低降下位置に置かないこと	1．停止位置が不良であること 2．変速レバーを中立に戻さないこと
	下　　車			飛び降りをすること

荷役の操作	積み取り	シヨベル又はフオークを急降下させること		1. 荷をすくう際,シヨベル又はフオークを地面から離しすぎること 2. 刃先を上に向けたまますくうこと 3. シヨベル又はフオークを急速につっこむこと 4. 片荷になること 5. すくった後,シヨベルを後傾しないこと 6. 過荷重になること
	取りおろし	1. 取りおろし位置が著しく不良であること(荷の一部がテープ等で表示した指定位置から著しくはみ出したとき) 2. シヨベル又はフオークを急降下させること	1. 取りおろし位置が不良であること(荷の一部がテープ等で表示した指定位置からはみ出したとき)	1. シヨベル又はフオークの高さが不良であること
	その他全般的事項		1. 発進操作その他走行の操作が不良であること。(急発進,ギヤ鳴り,エンスト等) 2. 荷役の操作が粗暴であること 3. 所要時間が熟練者の平均所要時間の2倍以上であること	1. 所要時間が熟練者の平均所要時間の2倍を30秒超過すること

第5編 関係法令

第7章 安全衛生特別教育規程（抄）

昭和47年労働省告示第92号

改正 平成27年厚生労働省告示第342号

労働安全衛生規則（昭和47年労働省令第32号）第39条の規定に基づき，安全衛生特別教育規程を次のように定め，昭和47年10月1日から適用する。

（シヨベルローダー等の運転の業務に係る特別教育）

第7条の2 安衛則第36条第5号の2に掲げる業務に係る特別教育は，学科教育及び実技教育により行うものとする。

② 前項の学科教育は，次の表の上欄（編注：左欄）に掲げる科目に応じ，それぞれ，同表の中欄に掲げる範囲について同表の下欄（編注：右欄）に掲げる時間以上行うものとする。

科　　　目	範　　　　囲	時　　間
シヨベルローダー等の走行に関する装置の構造及び取扱いの方法に関する知識	シヨベルローダー等（安衛則第36条第5号の2の機械をいう。以下同じ。）の原動機，動力伝達装置，走行装置，操縦装置，制動装置，電気装置，警報装置及び走行に関する附属装置の構造及び取扱い方法	2時間
シヨベルローダー等の荷役に関する装置の構造及び取扱いの方法に関する知識	シヨベルローダー等の荷役装置，油圧装置，ヘツドガード及び荷役に関する附属装置の構造及び取扱い方法	2時間
シヨベルローダー等の運転に必要な力学に関する知識	力（合成，分解，つり合い及びモーメント）　重量　重心及び物の安定　速度及び加速度　荷重応力　材料の強さ	1時間
関係法令	法，令及び安衛則中の関係条項	1時間

③ 第1項の実技教育は，次の表の上欄（編注：左欄）に掲げる科目に応じ，それぞれ，同表の中欄に掲げる範囲について同表の下欄（編注：右欄）に掲げる時間以上行うものとする。

科　　　目	範　　　　囲	時　　間
シヨベルローダー等の走行の操作	基本操作　定められたコースによる基本走行及び応用走行	4時間
シヨベルローダー等の荷役の操作	基本操作　定められた方法による荷の移動及び積重ね	2時間

第8章 ショベルローダー等構造規格

昭和53年労働省告示第136号

改正　平成15年厚生労働省告示第392号

労働安全衛生法（昭和47年法律第57号）第42条の規定に基づき，ショベルローダー等構造規格を次のように定め，昭和54年1月1日から適用する。

（強度等）

第1条　労働安全衛生法施行令（昭和47年政令第318号）第13条第3項第30号に掲げるショベルローダー（以下「ショベルローダー」という。）又は同項第31号に掲げるフォークローダー（以下「フォークローダー」という。）（以下「ショベルローダー等」という。）の原動機，動力伝達装置，走行装置，制動装置，操縦装置及び荷役装置は，次に定めるところに適合するものでなければならない。

1　使用の目的に適応した必要な強度を有するものであること。

2　著しい損傷，摩耗，変形又は腐食のないものであること。

（安定度）

第2条　ショベルローダー等は，次の表の上欄（編注：左欄）に掲げる安定度の区分に応じ，それぞれ，同表の中欄に掲げるショベルローダー等の状態において同表の下欄（編注：右欄）に掲げるこう配の床面においても転倒しない前後及び左右の安定度を有するものでなければならない。

安定度の区分	ショベルローダー等の状態	こう配（単位　パーセント）	
		ショベルローダー	フォークローダー
前後の安定度	基準負荷状態からショベル又はフォークを上げ，ショベル又はフォークと車体最前部との水平距離が最大となつた状態	15	7
	基準負荷状態	30	24
左右の安定度	基準負荷状態からショベル又はフォークを最高に上げた状態	20（最大荷重が2トン未満のショベルローダーにあつては，15）	15（最大荷重が2トン未満のフォークローダーにあつては，12）
	基準無負荷状態	60	55

第5編　関係法令

> 備　考
> 　1　この表において，基準負荷状態とは，シヨベルローダーにあつては規定重心位置に最大荷重の荷を負荷させ，シヨベルを最大に後傾し，その最低部をシヨベルローダーの最低地上高（地面から接地部以外の部分の最低位置までの高さをいう。以下この表において同じ）まで上昇した状態，フオークローダーにあつては基準荷重中心に最大荷重の荷を負荷させ，フオークを水平にし，その最低部をフオークローダーの最低地上高まで上昇した状態をいう。ただし，シヨベルローダー等がリーチ装置を有するものである場合には，これらの状態のうちリーチを完全に戻した状態とする。
> 　2　この表において，基準無負荷状態とは，シヨベルローダーにあつては荷を積載しないで，シヨベルを最大に後傾させ，その最低部をシヨベルローダーの最低地上高まで上昇した状態，フオークローダーにあつては荷を積載しないで，フオークを水平にし，その最低部をフオークローダーの最低地上高まで上昇した状態をいう。ただし，シヨベルローダー等がリーチ装置を有するものである場合には，これらの状態のうちリーチを完全に戻した状態とする。

（走行用制動装置等）

第3条　シヨベルローダー等（油圧又は空気圧を走行用の駆動力として用いるシヨベルローダー等で，油圧又は空気圧回路中に制動用のバルブを備えているものを除く。以下この条において同じ。）は，走行を制動し，及び停止の状態を保持するための制動装置を備えているものでなければならない。

②　前項の制動装置のうち走行を制動するための制動装置は，次の表の上欄（編注：左欄）に掲げる状態に応じ，それぞれ，同表の中欄に掲げる制動初速度において同表の下欄（編注：右欄）に掲げる停止距離以内で当該シヨベルローダー等を停止させることができる性能を有するものでなければならない。

シヨベルローダー等の状態	制動初速度（単位　キロメートル毎時）	停止距離（単位　メートル）
基準無負荷状態	20（最高走行速度が20キロメートル毎時未満のシヨベルローダー等にあつては，その最高走行速度）	5
基準負荷状態	10（最高走行速度が10キロメートル毎時未満のシヨベルローダー等にあつては，その最高走行速度）	2・5
備　考　この表において，基準無負荷状態及び基準負荷状態とは，それぞれ前条の表に掲げる基準無負荷状態及び基準負荷状態をいう（次項の表において同じ）。		

第8章　ショベルローダー等構造規格

③　第1項の制動装置のうち停止の状態を保持するための制動装置は，次の表の上欄（編注：左欄）に掲げるショベルローダー等の状態に応じ，それぞれ同表の下欄（編注：右欄）に掲げるこう配の床面で，当該ショベルローダー等を停止の状態に保持することができる性能を有するものでなければならない。

ショベルローダー等の状態	こう配（単位　パーセント）
基準無負荷状態	20
基準負荷状態	15

④　第1項の制動装置のうち人力を制動力として用いる制動装置は，次に定めるところに適合するものでなければならない。

　1　力量及びストロークの値は，次の表の上欄（編注：左欄）に掲げる操作の方法に応じ，それぞれ，同表の中欄及び下欄（編注：右欄）に掲げる値以下とすること。

操　作　の　方　法	力量（単位　ニュートン）	ストローク（単位　センチメートル）
足踏み式	900	30
手動式	500	60

　2　停止の状態を保持するための制動装置にあつては，歯止め装置又は止め金を備えていること。

（荷役装置用制動装置）

第4条　ショベルローダー等のブーム，アーム等を起伏させるための装置（以下この条において「起伏装置」という。），ショベル又はフオークをリーチさせるための装置（以下この条及び第15条において「リーチ装置」という。）及びショベル又はフオークを前後傾させるための装置（以下この条において「ダンピング装置」という。）は，これらの装置の作動を制動するための制動装置を備えているものでなければならない。ただし，油圧又は空気圧を動力として用いるショベルローダー等の起伏装置，リーチ装置又はダンピング装置については，この限りでない。

②　前項の制動装置は，次に定めるところに適合するものでなければならない。

　1　制動トルクの値（起伏装置，リーチ装置又はダンピング装置に2以上の制動装置が備えられている場合には，それぞれの制動装置の制動トルクの値を合計

第5編 関係法令

した値）は，シヨベルローダーの規定重心位置又はフオークローダーの基準荷
重中心に最大荷重を負荷させたときに生ずるトルクの値のうち最大の値の1.5
倍以上であること。

2　人力を制動力として用いる制動装置にあつては，次に定めるところによること。

イ　力量及びストロークの値は，次の表の上欄（編注：左欄）に掲げる操作の方法に応じ，それぞれ，同表の中欄及び下欄（編注：右欄）に掲げる値以下とすること。

操 作 の 方 法	力量（単位　ニュートン）	ストローク（単位　センチメートル）
足踏み式	300	30
手動式	200	60

ロ　歯止め装置又は止め金を備えていること。

3　人力を制動力として用いる制動装置以外の制動装置にあつては，荷役装置の
動力がしや断されたときに自動的に作動するものであること。

③　前項第1号の起伏装置，リーチ装置又はダンピング装置のトルクの値の計算に
おいては，起伏装置，リーチ装置又はダンピング装置の抵抗はないものとする。
ただし，当該起伏装置，リーチ装置又はダンピング装置に75パーセント以下の効
率を有するウオーム・ウオーム歯車機構が用いられる場合には，その歯車機構の
抵抗により生ずるトルクの値の2分の1の値のトルクに相当する抵抗があるもの
とすることができる。

（走行装置等の操作部分）

第5条　シヨベルローダー等の走行装置，荷役装置及び制動装置の操作部分は，運
転のために必要な視界が妨げられず，かつ，運転者が容易に操作できる位置に設
けられているものでなければならない。

第6条　シヨベルローダー等は，その走行装置，荷役装置及び制動装置の操作部分
について，運転者が見やすい箇所に，当該操作部分の機能，操作の方法等その操
作に関し必要な事項が表示されているものでなければならない。ただし，運転者
が誤つて操作するおそれのない操作部分については，この限りでない。

（運転に必要な視界等）

第7条　シヨベルローダー等は，運転者が安全な運転を行うことができる視界を有

200

第8章　シヨベルローダー等構造規格

するものでなければならない。

②　シヨベルローダー等は，後写鏡を備えているものでなければならない。

③　シヨベルローダー等の運転室の前面に使用するガラスは，安全ガラスでなければならない。

　（昇降設備）

第8条　運転者席の床面が高さ1.5メートルを超える位置にあるシヨベルローダー等は，運転者が安全に昇降するための設備を備えているものでなければならない。ただし，運転者が安全に昇降できる構造となつているものについては，この限りでない。

　（アーム等の昇降による危険防止設備）

第9条　シヨベルローダー等で，運転者席の中心から左右それぞれ70センチメートル以内においてアーム等が昇降し，当該アーム等と運転者席，車体等との間に運転者がはさまれるおそれのあるものは，運転者の危険を防止するため，囲い等の設備を備えているものでなければならない。

②　シヨベルローダー等で，運転者が昇降する際に荷役装置の操作部分に接触することによりアーム等と運転者席，車体等との間に運転者がはさまれるおそれのあるものは，運転者が当該操作部分のある側から昇降することができない構造のものでなければならない。ただし，当該操作部分を固定する装置を備えているシヨベルローダー等については，この限りでない。

　（方向指示器）

第10条　シヨベルローダー等は，当該シヨベルローダー等の車両中心線上の前方及び後方30メートルの距離から指示部が見通すことのできる位置に左右に１個ずつ方向指示器を備えているものでなければならない。ただし，最高走行速度が20キロメートル毎時未満のシヨベルローダー等で，かじ取りハンドルの中心から当該シヨベルローダー等の最外側までの距離が65センチメートル未満であり，かつ，運転室がないものについては，この限りでない。

　（警報装置）

第11条　シヨベルローダー等は，警報装置を備えているものでなければならない。

　（速度計等）

第12条　シヨベルローダー等（最高走行速度が20キロメートル毎時以上であるものに限る。以下この条において同じ。）は，速度計又は過速度警報器を備えている

201

第5編　関係法令

ものでなければならない。ただし，最高走行速度が35キロメートル毎時未満のショベルローダー等にあつては，原動機回転計をもつて速度計又は過速度警報器にかえることができる。

（安全弁）

第13条　ショベルローダー等の油圧装置は，油圧の過度の昇圧を防止するための安全弁を備えているものでなければならない。

（運転者の座席）

第14条　ショベルローダー等の運転者席は，緩衝材の使用により走行時に運転者の身体に著しい振動を与えない構造のものとしなければならない。

（表示）

第15条　ショベルローダー等は，運転者の見やすい位置に次の事項が表示されているものでなければならない。

1　製造者名

2　製造年月日又は製造番号

3　最大荷重及びリーチ装置を有するショベルローダー等にあつては，リーチを最大に伸ばしたときに，ショベルローダーの規定重心位置又はフオークローダーの基準荷重中心に負荷させることができる最大の荷重

4　ショベルローダーにあつては，ショベル容量

5　フオークローダーにあつては，許容荷重（リーチ装置を持つフオークローダーにあつては，リーチを完全に戻したとき及び最大に伸ばしたときの許容荷重）

（特殊な構造のショベルローダー等）

第16条　特殊な構造のショベルローダー等又はその部分で，厚生労働省労働基準局長が第1条から前条までの規定に適合するものと同等以上の性能又は効力があると認めたものについては，この告示の関係規定は適用しない。

（適用除外）

第17条　第1条（走行の用に供される原動機，動力伝達装置，走行装置，制動装置及び操縦装置に係る部分に限る。），第2条，第3条，第5条（走行装置並びに走行を制動し，及び停止の状態を保持するための制動装置に係る部分に限る。），第7条及び第10条から第12条までの規定は，道路運送車両法（昭和26年法律第185号）の適用を受けるショベルローダー等については，適用しない。

202

第9章　ショベルローダー等の定期自主検査指針

第9章　ショベルローダー等の定期自主検査指針

昭60. 12. 18　自主検査指針公示第9号

I　趣　旨

　この指針は，労働安全衛生規則（昭和47年労働省令第32号）第151条の31の規定によるショベルローダー等の定期自主検査の適切かつ有効な実施を図るため，当該定期自主検査の検査項目，検査方法及び判定基準について定めたものである。

II　検査項目等

　ショベルローダー等については，次の表の左欄に掲げる検査項目に応じて，同表の中欄に掲げる検査方法による検査を行った場合に，それぞれ同表の右欄に掲げる判定基準に適合するものでなければならない。

検 査 項 目	検 査 方 法	判 定 基 準
1　原動機　(1)　本　体	①　原動機のかかり具合の良否及び異音の有無を調べる。 ②　アイドリング時の回転状態を調べる。 ③　アイドリング時から徐々にアクセルペダルを踏み込んで加速し，次のことを調べる。 (イ)　加速状態の適否 (ロ)　エンストの有無 (ハ)　ノッキングの有無 (ニ)　アクセルペダルの引掛りの有無 ④　アイドリング時及び加速時の排気の状態を調べる。 ⑤　エアクリーナエレメントを取り外して，汚れの状態及び損傷の有無を調べる。 ⑥　オイルバス式のエアクリーナにあっては，油量及び油の汚れの状態を調べる。 ⑦　原動機の状態に異常があれば，次のことを調べる。 (イ)　弁すき間 (ロ)　コンプレッション	①　始動が容易であり異音がないこと。 ②　回転が円滑であること。 ③　加速状態が正常であり，エンスト，ノッキング又はアクセルペダルの引掛りがないこと。 ④　排気の色が非常に黒く，又は白くないこと。 ⑤　著しい汚れ又は損傷がないこと。 ⑥　油量が適正であり，著しい汚れがないこと。 ⑦　メーカーの指定する基準に適合すること。
(2)　冷却装置	①　冷却水を調べる。 ②　ラジエータ，ウォータポンプ，ゴムホース等の水漏れの有無を調べる。	①　水量が適正であり，汚れがないこと。 ②　水漏れがないこと。

203

第5編　関係法令

		③　ゴムホース等の劣化を調べる。	③　硬化又はひび割れがないこと。
		④　ラジエータキャップの作動状態及び装着具合を調べる。	④　正常な作動状態及び装着状態であること。
		⑤　ファンベルト及びガバナベルトの緩み及び損傷の有無を調べる。	⑤　緩み又は損傷がないこと。
		⑥　ファンプレート及びホルダー部の変形，き裂及び損傷の有無を調べる。	⑥　変形，き裂又は損傷がないこと。
		⑦　ファン取付け部のがた及び緩みの有無を調べる。	⑦　がた又は緩みがないこと。
	(3)　潤滑装置	①　オイルパン等の油漏れの有無を調べる。	①　油漏れがないこと。
		②　オイルパンの油量及び油の汚れの状態を調べる。	②　油量が適正であり，著しい汚れがないこと。
		③　オイルクリーナエレメントの詰り及び汚れの状態を調べる。	③　詰り又は著しい汚れがないこと。
	(4)　燃料装置	①　燃料タンク，燃料ポンプ，キャブレータ，配管等の燃料漏れの有無を調べる。	①　燃料漏れがないこと。
		②　フューエルフィルタエレメントの詰りの有無を調べる。	②　詰りがないこと。
		③　キャブレータのリンク機構の摩耗及び損傷の有無を調べる。	③　摩耗又は損傷がないこと。
		④　原動機の状態に異常があれば，次のことを調べる。	④　メーカーの指定する基準に適合すること。
		(イ)　噴射ノズルの噴射圧力及び噴霧状態	
		(ロ)　噴射時期	
		(ハ)　噴射ポンプの噴射量	
	(5)　ブローバイガス還元装置	メータリングバルブ及び配管の詰り及び損傷の有無を調べる。	詰まり又は損傷がないこと。
	(6)　ガバナ	無負荷最高回転数を調べる。	メーカーの指定する基準に適合すること。
	(7)　電気系統 　(a)　点火装置	①　ディストリビュータキャップのき裂の有無を調べる。	①　き裂がないこと。
		②　コンタクトポイントの接触面の状態及びすき間を調べる。	②　接触面が正常な状態であり，すき間がメーカーの指定する基準に適合すること。
		③　点火プラグの電極の焼損，碍子の焼け具合及び破損を調べる。	③　正常な状態であること。
		④　ディストリビュータキャップの高圧コードそう入孔と高圧コードの接着状態を調べる。	④　正常な状態であること。
		⑤　ディストリビュータキャップの側方端子（セグメント）の焼損状態を調べる。	⑤　著しい焼損がないこと。
		⑥　ディストリビュータキャップの中心端子（センターピース）の摩耗及び損傷の有無を調べる。	⑥　摩耗又は損傷がないこと。
		⑦　プラグコードの断線の有無を調べる。	⑦　断線がないこと。

第9章　ショベルローダー等の定期自主検査指針

		⑧　点火時期を調べる。	⑧　メーカーの指定する基準に適合すること。
		⑨　予熱線の断線の有無を調べる。	⑨　断線がないこと。
	(b)　スタータ	スタータスイッチを作動させて，スイッチの機能及びピニオンギヤのかみ合い状態を調べる。	正常な状態であること。
	(c)　充電装置	電流計又は警告灯により充電状態を調べる。	正常な状態であること。
	(d)　バッテリ	①　電解液の量を調べる。 ②　端子の緩みの有無を調べる。 ③　バッテリ上部及びケースを清掃し，異常の有無を調べる。	①　液量が適正であること。 ②　緩みがないこと。 ③　正常な状態であること。
	(e)　電気配線	①　ワイヤハーネスの損傷及びクランプの緩みの有無を調べる。 ②　ターミナルブロック（ソケット）の接続部の緩みの有無を調べる。	①　損傷又は緩みがないこと。 ②　緩みがないこと。
	(8)　その他 　(a)　エキゾーストパイプ及びマフラ	①　取付け部の緩み及び損傷の有無を調べる。 ②　マフラの損傷の有無及び機能を調べる。	①　緩み又は損傷がないこと。 ②　損傷がなく，機能が正常であること。
	(b)　取付けボルト及びマウンティングブラケット	①　取付けボルトの緩み及び脱落の有無を調べる。 ②　エンジン及びマウンティングブラケットのき裂の有無を調べる。	①　脱落がなく，規定のトルクで締め付けられていること。 ②　き裂がないこと。
2　動力伝達装置	(1)　クラッチ	①　クラッチペダルを軽く踏み込んで，遊びの程度を調べる。次に，クラッチペダルを強く踏み込んで，クラッチが切れた位置でペダルと床板とのすき間を調べる。 ②　アイドリング状態でクラッチペダルを踏み込んで，異音の有無及びクラッチの切れ具合を調べる。 ③　クラッチペダルを徐々に離して発進し，クラッチの接続具合及びすべりの有無を調べる。 ④　倍力装置付きのものにあっては，クラッチペダルを踏み込んで，その機能を調べる。 ⑤　マスタシリンダリザーブタンクのキャップを取り外して，油量及び油の汚れの有無を調べる。 ⑥　配管各部の油漏れの有無を調べる。	①　メーカーの指定する基準に適合すること。 ②　異音がなく，かつ，クラッチが完全に切れること。 ③　クラッチの接続が円滑であり，かつ，すべりがないこと。 ④　異常に重くないこと。 ⑤　油量が適正であり，汚れがないこと。 ⑥　油漏れがないこと。

205

第5編　関係法令

	(2)　トランスミッション	①　トランスミッションケース等の油漏れの有無を調べる。 ②　油量及び油の汚れの状態を調べる。 ③　ニュートラル状態でシフトレバーのがたの程度を調べる。次に，シフトレバーの各変速位置への入り具合及び各変速位置でのがたの程度を調べる。	①　油漏れがないこと。 ②　油量が適正であり，著しい汚れがないこと。 ③　動きが円滑であり，著しいがたがないこと。
	(3)　トルクコンバータ及びトルクコンバータ用トランスミッション	①　トルクコンバータ，トルクコンバータ用トランスミッション，バルブ等の油漏れの有無を調べる。 ②　油量及び油の汚れの状態を調べる。 ③　ニュートラル状態でシフトレバーのがたの程度を調べる。次に，シフトレバーの各変速位置への入り具合及び各変速位置でのがたの程度を調べる。 ④　シフトレバーをニュートラル状態にし，原動機の回転数を上げて，車両の動きを調べる。 ⑤　インチングペダルをいっぱいに踏み込んでおいて，シフトレバーを前進又は後進に入れ，原動機の回転数を上げて，車両の動きを調べる。 ⑥　インチングペダルを軽く踏み込んで，ペダルの遊びの程度を調べる。次に，ペダルをさらに踏み込んで，クラッチが切れた位置でペダルと床板とのすき間を調べる。	①　油漏れがないこと。 ②　油量が適正であり，著しい汚れがないこと。 ③　動きが円滑であり，著しいがたがないこと。 ④　車両が動き出さないこと。 ⑤　車両が動き出さないこと。 ⑥　メーカーの指定する基準に適合すること。
	(4)　プロペラシャフト	①　ヨークフランジボルト，ジョイントヨーク，ベアリングカバーボルト及びセンターベアリングケースの取付けボルト等の緩みを調べる。 ②　動輪をジャッキアップするか，又はランニングローラに乗せて動輪を駆動して，プロペラシャフトの振れ及び異音の有無を調べる。 ③　プロペラシャフトを手で回して，スプライン部のがたの有無を調べる。 ④　プロペラシャフトのヨークの部分を手で動かして，スパイダとベアリングとのがたの有無を調べる。	①　規定のトルクで締め付けられていること。 ②　振れ又は異音がないこと。 ③　がたがないこと。 ④　がたがないこと。
	(5)　デファレンシャル及びファイナルギヤケース	①　ドライブピニオン，キャリアケース，ファイナルギヤケース等の油漏れの有無を調べる。 ②　油量及び油の汚れの状態を調	①　油漏れがないこと。 ②　油量が適正であり，著しい汚

206

			べる。 ③ ボルトの緩みを調べる。	れがないこと。 ③ 規定のトルクで締め付けられていること。
3 走行 装置	(1) タイヤ		① 空気圧を調べる。 ② タイヤのトレッド及びサイドウォールのき裂の状態及び欠損の有無を調べる。 ③ タイヤのトレッドの摩耗状態を調べる。 ④ 偏摩耗等の異常な摩耗の有無を調べる。 ⑤ 金属片，石等の異物のかみ込み，ささり等の有無を調べる。	① タイヤメーカーの指定する基準に適合すること。 ② 著しきき裂又は欠損がないこと。 ③ タイヤメーカーの指定する基準に適合すること。 ④ 異常な摩耗がないこと。 ⑤ 異物のかみ込み，ささり等がないこと。
	(2) クリップ ボルト及び ハブボルト ・ナット		クリップボルト及びハブボルト・ナットの損傷及び緩みの有無並びに締付け状態を調べる。	損傷又は緩みがなく，規定のトルクで締め付けられていること。
	(3) リム，ホ イールディ スク及びサ イドリング		リム，ホイールディスク及びサイドリングの変形，き裂及び損傷の有無を調べる。	変形，き裂又は損傷がないこと。
	(4) ホイール ベアリング		① ジャッキアップし，タイヤの上下に手をかけて，ホイールベアリングのがたの有無を調べる。 ② ホイールを手で回して，異音の有無を調べる。	① がたがないこと。 ② 異音がないこと。
	(5) アクセル		変形，き裂及び損傷の有無を調べる。	変形，き裂又は損傷がないこと。
4 制動 装置	(1) ブレーキ ペダル		① ペダルを軽く踏み込んで，遊びの程度を調べる。 ② ペダルを強く踏み込んで，ペダルと床板とのすき間を調べる。 ③ ペダルを強く踏み込んで，踏み込みの具合から空気混入等の異常の有無を調べる。 ④ 走行して，ブレーキの効き具合及び片効きの有無を調べる。	① メーカーの指定する基準に適合すること。 ② メーカーの指定する基準に適合すること。 ③ スポンジアクションを感じないこと。 ④ ショベルローダー等構造規格（昭53.労働省告示第137号）第3条第2項の規定に適合し，かつ，片効きがないこと。
	(2) リザーブ タンク		リザーブタンク内の油量及び油の汚れの状態を調べる。	油量が適正であり，著しい汚れがないこと。
	(3) ホース及 びパイプ		① ホース（口金部を含む。），パイプ及びパイプジョイント部の異常の有無を調べる。 ② 連結部及びクランプの緩み，変形及び損傷の有無を調べる。 ③ 油漏れの有無を調べる。	① 損傷又は空気の漏れがなく，かつ，これらの部分が他の部分と接触するおそれがないこと。 ② 緩み，変形又は損傷がないこと。 ③ 油漏れがないこと。

	(4) マスタシリンダ及びホイールシリンダ	① ブレーキを作動させて，マスシリンダ及びホイールシリンダの作動状態を調べる。 ② マスシリンダ及びホイールシリンダの油漏れの有無を調べる。 ③ ①又は②で異常があれば，次の部位の異常の有無を調べる。 　(イ) シリンダ及びピストン 　(ロ) ピストンカップ 　(ハ) チェックバルブ 　(ニ) その他	① 正常に作動すること。 ② 油漏れがないこと。 ③ 摩耗，変形，き裂又は損傷がないこと。
	(5) ブレーキドラム及びブレーキシュー	① ドラムとライニングとのすき間を調べる。次に，ジャッキアップし，ホイールを手で回して，引きずりの有無を調べる。 ② ドラム取付け部の緩みの有無を調べる。 ③ ライニングの摩耗状態を調べる。 ④ シューの作動状態を調べる。 ⑤ アンカピンの摩耗及び錆付きの状態を調べる。 ⑥ リターンスプリング等の衰損の有無を調べる。 ⑦ 自動調整用ワイヤ，レバー及びラチェットの摩耗及び損傷の有無を調べる。 ⑧ ドラムの摩耗状態並びにき裂及び損傷の有無を調べる。	① メーカーの指定する基準に適合しており，また，引きずりがないこと。 ② 緩みがないこと。 ③ メーカーの指定する基準に適合すること。 ④ 正常に作動すること。 ⑤ 著しい摩耗又は錆付きのないこと。 ⑥ 衰損がないこと。 ⑦ 摩耗又は損傷がないこと。 ⑧ 著しい摩耗，き裂又は損傷がないこと。
	(6) バックプレート	① 変形，き裂及び損傷の有無を調べる。 ② 取付けボルトの緩みを調べる。	① 変形，き裂又は損傷がないこと。 ② 規定のトルクで締め付けられていること。
	(7) ディスクブレーキ	① マランティングサポート取付け部の緩みの有無を調べる。 ② マランティングサポート及びキャリパの摩耗状態並びにき裂及び損傷の有無を調べる。 ③ パッドの摩耗状態を調べる。 ④ ブレーキを作動させて，キャリパ及びパッドの作動状態を調べる。 ⑤ キャリパのシリンダの油漏れの有無を調べる。 ⑥ ディスク取付け部の緩みの有無を調べる。 ⑦ ディスクの摩耗状態及び損傷の有無を調べる。 ⑧ ④又は⑤で異常があれば，次の部位の異常の有無を調べる。 　(イ) キャリパのシリンダ及びピストン 　(ロ) ピストンカップ又はシール 　(ハ) ストッパプラグ及びプラグ	① 緩みがないこと。 ② 著しい摩耗，き裂又は損傷がないこと。 ③ メーカーの指定する基準に適合すること。 ④ 正常に作動すること。 ⑤ 油漏れがないこと。 ⑥ 緩みがないこと。 ⑦ 著しい摩耗又は損傷がないこと。 ⑧ 摩耗又は損傷がないこと。

		プレート	
(8) 駐車ブレーキ		① 勾配路面で停止して，ブレーキの効き具合を調べる。やむを得ない場合には，低速走行して，ブレーキの効き具合を調べる。 ② ラチェットの作動状態及び引きしろの余裕を調べる。 ③ ブレーキレバー，ラック又はセクタ部の歯形の摩耗及び損傷の有無を調べる。	① ショベルローダー等構造規格第3条第3項の規定に適合すること。また，低速走行の場合には，直ちに停止できること。 ② ロックが確実に行われ，引きしろに十分な余裕があること。 ③ 摩耗又は損傷がないこと。
(9) ロッド及びケーブル		① ブレーキを作動させて，ロッド及びケーブルの損傷の有無を調べる。 ② ターンバックルのアジャストナット等の連結部のがた及び緩みの有無を調べる。	① 損傷がないこと。 ② がた又は緩みがないこと。
(10) 真空倍力装置		① エアクリーナのエレメントを取り出して，詰り及び汚れの有無を調べる。 ② 原動機を1～2分間回して止め，ブレーキを通常使用する程度の踏み力でブレーキペダルを繰り返し踏んで，気密機能を調べる。 ③ 原動機を回しながらブレーキペダルを踏み，その状態で原動機を止め，約30秒間保持して負荷時の気密機能を調べる。 ④ 原動機を停止したまま同程度の踏み力で数回ブレーキペダルを踏んで，ペダルの高さが変化しない状態にし，ペダルをゆっくり及び急激に踏んで油密状態を調べる。 ⑤ 原動機を停止したまま同程度の踏み力で数回ブレーキペダルを踏んで，ペダルの高さが変化しない状態にし，ペダルを踏んだまま原動機を始動して作動状態を調べる。	① 詰り又は汚れがないこと。 ② 2回目，3回目になるにしたがって，ペダルがだんだん上がってくること。 ③ ペダル高さに変化がないこと。 ④ 踏み残りしろが変化しないこと。 ⑤ ペダルが奥へ少し入ること。
(11) 油圧倍力装置		① ブレーキバルブ，配管等の油漏れの有無を調べる。 ② 原動機をアイドリングの状態にして，ブレーキペダルを一杯踏み込んで，油圧を調べる。 ③ エンジン回数が1,000rpmの状態で，ブレーキペダルを強く踏み込み，アキュームレータを最大蓄圧状態にした後，原動機を停止して，次のことを調べる。 ㋑ ブレーキペダルを1回目に強く踏み込んだときの油圧 ㋺ ブレーキペダルを5回目に踏み込んだときの油圧	① 油漏れがないこと。 ② メーカーの指定する基準に適合すること。 ③ メーカーの指定する基準に適合すること。

第5編　関係法令

		④　アキュームレータを最大蓄圧状態にした後，原動機を停止し，5分間放置して，ブレーキペダルを5回踏み込んだ後の油圧を調べる。	④　メーカーの指定する基準に適合すること。
		⑤　アキュームレータを最大蓄圧状態にした後，原動機を停止して，次のことを調べる。 (イ)　エンジンキースイッチが，ONの状態でブレーキペダルを数回踏み込むときのブザー及びパイロットランプの作動状態 (ロ)　原動機を始動し，ブレーキペダルを数回踏み込むときのブザーの停止及びパイロットランプの消灯の状態	⑤　正常に機能すること。
5　操縦装置	(1)　ハンドル	①　ハンドルを左右に切って，ステアリングホイールの円周上の寸法又は角度により遊びの程度を調べる。	①　メーカーの指定する基準に適合すること。
		②　ハンドルを軸方向に動かして，ベアリングのがたの有無を調べる。	②　がたがないこと。
		③　ハンドルを直径方向に動かして，ステアリングメーンシャフト（ジョイント減速ピニオンを含む。）及びステアリングコラムのがた及び取付け部の緩みの有無を調べる。	③　がた又は緩みがないこと。
		④　走行して，異常の有無を調べる。	④　異常な振れ，取られ，重さ等がないこと。
	(2)　ギヤボックス	①　ステアリングギヤボックスの油漏れの有無を調べる。	①　油漏れがないこと。
		②　ギヤボックスとフレームとの取付け部の緩みの有無を調べる。	②　緩みがないこと。
	(3)　ロッド，アーム，ベルクランク等	①　可動部のがた，取付け部の緩み及び連絡部のがたの有無を調べる。	①　がた又は緩みがないこと。
		②　ロッド，アーム，ベルクランク等の曲り及び損傷の有無並びに摩耗状態を調べる。	②　曲り，損傷又は著しい摩耗がないこと。
		③　割りピンの欠損の有無を調べる。	③　欠損がないこと。
	(4)　ナックル	かじ取り車輪をジャッキアップし，タイヤの上下に手をかけて，キングピン及びベアリングのがた，変形及び損傷の有無を調べる。	がた，変形又は損傷がないこと。
	(5)　かじ取り車輪	最小旋回半径を調べる。	メーカーの指定する基準に適合すること。

	検査項目	検査方法	判定基準
	(6) パワーステアリング装置	① パワーシリンダ，コントロールバルブ，ホース，パイプ等の油漏れ，変形，き裂及び損傷の有無を調べる。 ② パワーシリンダ，コントロールバルブ，ホース等の取付け部及び連結部の緩みの有無を調べる。	① 油漏れ，変形，き裂又は損傷がないこと。 ② 緩みがないこと。
6 荷役装置	(1) バケット	① 各部の変形，き裂及び損傷の有無を調べる。 ② バケットのエッジ及びツースの摩耗状態を調べる。	① 変形，き裂又は損傷がないこと。 ② 著しい摩耗がないこと。
	(2) フォーク等	① フォーク及び止めピンの各部の変形，き裂及び損傷の有無並びに摩耗状態を調べる。 ② フォークの左右の変形の有無を調べる。 ③ フォーク根本部，アッパーフック及びロアーフックのき裂の有無を調べる。 ④ バックレストの変形，き裂及び損傷の有無を調べる。	① 変形，き裂，損傷又は著しい摩耗がないこと。 ② 変形がないこと。 ③ き裂がないこと。 ④ 変形，き裂又は損傷がないこと。
	(3) リフトアーム（ブーム）及びリーチアーム	① 各部の変形，き裂及び損傷の有無を調べる。 ② ピン及びブシュそう入部（ボス）のき裂の有無及び摩耗状態を調べる。	① 変形，き裂又は損傷がないこと。 ② き裂又は著しい摩耗がないこと。
	(4) リンク装置	① リンク，ベルクランク及びバケットホルダの変形，き裂及び損傷の有無を調べる。 ② ピン及びブシュそう入部（ボス）のき裂の有無及び摩耗状態を調べる。	① 変形，き裂又は損傷がないこと。 ② き裂又は著しい摩耗がないこと。
	(5) ピン及びブシュ	① ピン及びブシュのがたの有無及び摩耗状態を調べる。 ② ピンロックボルトの締付け状態を調べる。	① がた又は著しい摩耗がないこと。 ② 緩みがないこと。
	(6) 各種アタッチメント	各部の緩み，変形，き裂及び損傷の有無並びに摩耗及び取付けの状態を調べる。	緩み，変形，き裂，損傷又は著しい摩耗がなく，取付け状態が適正であること。
7 油圧装置	(1) 作動油タンク	① 作動油タンクの油量及び油の汚れの状態を調べる。 ② フィルタの詰りを調べる。 ③ 作動油タンクの油漏れの有無を調べる。	① 油量が適正であり，著しい汚れがないこと。 ② 詰まりがないこと。 ③ 油漏れがないこと。
	(2) 油圧ポンプ	① 油漏れ及び異音の有無を調べる。 ② カップリング（ジョイント）の緩み，損傷及び異音の有無を調べる。	① 油漏れ又は異音がないこと。 ② 緩み，損傷又は異音がないこと。

第5編　関係法令

	(3) ホース及び配管	① ホース及び配管の油漏れ，変形及び損傷の有無を調べる。 ② 各連結部及びクランプの油漏れ，緩み，変形及び損傷の有無を調べる。	① 油漏れ，変形又は損傷がないこと。 ② 油漏れ，緩み，変形又は損傷がないこと。
	(4) 操作レバー	① 各連結部のがたを調べる。 ② レバーの動き具合を調べる。	① がたがないこと。 ② 動きが円滑であること。
	(5) 操作弁	① 各部の油漏れの有無を調べる。 ② 操作レバーを作動して，安全弁の作動状態を調べる。 ③ 安全弁のリリーフ圧を調べる。	① 油漏れがないこと。 ② 正常に作動すること。 ③ メーカーの指定する基準に適合すること。
	(6) シリンダ	① ロッド，ロッドねじ部及びロッドエンド部の緩み，変形，き裂及び損傷の有無を調べる。 ② シリンダを作動させて，作動状態並びに自然降下及び自然前傾の状態を調べる。 ③ シリンダの油漏れ及び損傷の有無を調べる。 ④ ピンとシリンダ軸受部とのかん合状態，軸受けの摩耗状態及びピンの損傷の有無を調べる。	① 緩み，変形，き裂又は損傷がないこと。 ② 作動が円滑であり，自然降下及び自然前傾の状態がメーカーの指定する基準に適合すること。 ③ 油漏れ又は損傷がないこと。 ④ かん合状態が適正であり，著しい摩耗又は損傷がないこと。
8 車体関係	(1) 車体	① フレーム，クロスメンバ等のき裂及び損傷の有無を調べる。 ② ボルトの緩みの有無をしらべる。	① き裂又は損傷がないこと。 ② 緩みがないこと。
	(2) 座席	① 座席の損傷の状態を調べる。 ② 取付け部の緩み及び損傷の有無を調べる。	① 著しい損傷がないこと。 ② 緩み又は損傷がないこと。
9 安全装置等	(1) ヘッドガード	① 取付け部の緩みの有無を調べる。 ② 変形，き裂及び損傷の有無を調べる。	① 緩みがないこと。 ② 変形，き裂又は損傷がないこと。
	(2) 方向指示器及び燈火装置	取付け状態及び作動状態を調べる。	正常な状態であること。
	(3) 警報装置及び後退警報機	取付け状態及び作動状態を調べる。	正常な状態であること。
	(4) 後写鏡	① 汚れ及び損傷の有無を調べる。 ② 運転者席から後方の写影の状態を調べる。	① 汚れ又は損傷がないこと。 ② 正常な状態であること。
	(5) 計器等	油圧計，水温計，燃料計，速度計，時間計，パイロットランプ等の作動状態を調べる。	正常に作動すること。

	(6) 操作レバーロック装置	取付け状態及び作動状態を調べる。	正常な状態であること。
	(7) アーム落下防止装置	取付け状態及び作動状態を調べる。	正常な状態であること。
10 総合テスト		① 外観の損傷状態を調べる。 ② 摺動部を作動させ，潤滑状態を調べる。 ③ 走行及び荷役の操作を行い，機能を確認し，異音の有無を調べる。	① 著しい損傷がないこと。 ② 潤滑状態が正常であること。 ③ 機能が正常であり，異音がないこと。

備　考

1　道路運送車両法（昭和26年法律第185号）の適用を受けるショベルローダー等であって，同法第48条第1項に基づく定期点検基準に定める点検と同等以上の点検を荷役装置又は作業装置以外の部分について実施し，その点検を行ったことが記録等により確認されるものについては，当該部分に係る自主検査を省略して差し支えない。

第6編

災害事例

この編で学ぶこと

　この編では、ショベルローダー等に関する10の災害事例について、その発生状況および原因と対策を学ぶ。

災害事例（事故の型別）一覧

墜落・転落災害

事例 1　路肩から転落
事例 2　振動でフォークローダー上から転落

激突され災害

事例 3　積み荷の状態を確認中，後進してきたフォークローダーにひかれる
事例 4　始業点検中のショベルローダーにひかれる
事例 5　ショベルローダーが逸走し，ひかれる
事例 6　フォークローダーで投げ出された原木に激突される

はさまれ・巻き込まれ災害

事例 7　丸鋼積込み作業中，運転席とアームの間にはさまれる
事例 8　機体と建込み済みの矢板との間にはさまれる
事例 9　ショベルローダーのアームで頭部をはさまれる

飛来・落下災害

事例10　ショベルで吊り上げていたコンクリートブロックが落下し被災する

事例1　路肩から転落

(1) **事業場**　建設業（林道建設工事）
(2) **被　害**　死亡1名
(3) **あらまし**

　当日被災者は，林道工事において，ショベルローダーで軽油を仮置場から所定の置場まで運搬する作業を終え，仮設道路を通って重機置場へ戻る途中であった。
　ショベルローダーを運転して出発地点より426mの地点にさしかかったところ，誤って路肩より転落，目撃者がいないため推定であるが，転落する直前に被災者は運転席から飛び降りて，右肩のあたりを後輪にひかれたものと思われる。なお，当日はフェーン現象が発生しており，現場地方は39.2度という猛暑であった。

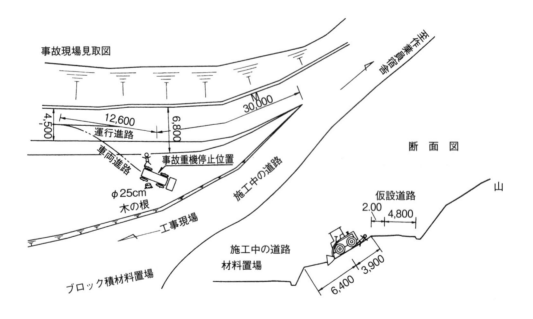

⑷ 原因と対策

　この災害の原因は，まず第一にショベルローダーを無資格者が運転したことにある。また，推定になるが，連日の猛暑により，睡眠不足のため疲労が残っており，そのため注意力が散漫となり，ハンドルを切りそこねたと考えられる。

　対策としては，

① 運転者の安全教育を徹底するとともに，無資格者による運転を厳禁すること。

② 異常な気象条件のもとでは，作業前打合せを念入りに行い，それに適応した作業計画をたて，作業員の健康管理に留意し，作業時間の変更，休憩時間の延長等の措置を講じること。

③ カーブ・橋梁などで転落などによる危険が起きるおそれがある場合は，ガードレールの設置など転落の防止に努めること。

④ 運転者は日頃の健康管理に十分心がけ，良好な体調維持に努めること。

事例2　振動でフォークローダー上から転落

(1) **事業場**　港湾運送業

(2) **被　害**　死亡1名

(3) **あらまし**

　被災者は，F県K港内，Y港運会社の沿岸荷役作業員で，当日はR市の貯木場ではい積みされた外材の半製品（20mm×40mm×80mm）10個を1梱包にしたものを，フォークローダーで移動する作業のリンギ（台木）置き作業に従事していた。

　被災者は，午前10時30分頃，フォークローダーですくい上げられた半製品の荷の移動中の落下を防止するため，この上に乗り，手で材を押さえながらローダーの移動を合図した。ローダーは徐行運転を行い目的の置場所についたが，半製品を降ろす際，急に降ろしたためローダーの振動でバランスを失い，前のめりになって高さ約3mのところから転落し，ヘルメットが飛び地面で後頭部を強打して死亡した。

⑷ **原因と対策**

この災害の原因は，フォーク上の荷を必要以上に高積みし，その荷が崩れるのを防ぐためフォーク上に作業者を乗せて運搬したことにある。また被災者がヘルメットのあご紐を締めていなかったことも災害となった原因である。

対策としては，

① フォークローダーを用いて作業を行うときは，リフトされたフォーク上等，乗車席以外の箇所に作業員を乗せないこと。

② フォーク上の荷は，機械を操作した時に荷崩れを起こすほど高積みしないこと。

③ ヘルメットのあご紐は，確実に締めること。

④ ショベルローダー等の走行や荷役に関する取扱いの方法等について，関係作業者に対して安全教育を行うこと。

⑤ フォークローダーを用いて作業を行うときには，作業計画をたて，作業指揮者を定め，その者の指揮により安全な作業を行うこと。

事例 3　積み荷の状態を確認中，後進してきたフォークローダーにひかれる

(1) **事業場**　港湾運送業
(2) **被　害**　1名
(3) **あらまし**

　被災者は，I県F港内，F運送会社の沿岸荷役作業指揮者で，災害発生当日は，F港埠頭南側に接岸していた本船より陸揚げされた輸入原木を，トラックに積載する作業の仕分け場の監視・指示の作業を行っていた。

　作業箇所が2カ所あるため，積荷の状態を確認するために見回りを行っていた際，午前11時10分頃，フォークローダー3台が動いている危険区域内に立ち入り，積込み場所に行こうと歩行中，後進してきたフォークローダーに押し倒され左側後輪にひかれた。

⑷ **原因と対策**

　この災害の原因は，被災者が，立ち入り禁止の標示がなされていたにもかかわらず，危険区域内に立ち入ったこと，また止むを得ず危険区域に入る時，フォークローダー運転者に合図をしなかったこと，フォークローダーのバックブザーがならなかったこと等があげられる。

　対策としては，

① 　フォークローダーが後進するとき，運転者は後方確認を確実に行うこと。

② 　１カ所で複数のフォークローダーを運行させるときは，監視人または誘導者を配置し，フォークローダーの動き，他の作業者の行動などを監視し必要な誘導，指示を行うこと。

③ 　フォークローダーが後進するとき，バックブザーが作動するよう日頃から点検・整備・補修をしておくこと。

④ 　フォークローダーを用いて作業を行うとき，作業者に危害が生ずるおそれのある箇所には，立ち入り禁止柵，標示等を設置し，立ち入らせないようにすること。またやむを得ない時は、関係作業者に合図等、周知してから立ち入ること。

⑤ 　フォークローダーを用いて作業を行うときは，作業計画をたて関係作業者に周知すること。また，作業指揮者を定めその者の指揮のもとに安全な作業を行わせること。

事例 4　始業点検中のショベルローダーにひかれる

(1) **事業場**　陸上貨物運送業
(2) **被　害**　重傷1名
(3) **あらまし**

　車庫で，ショベルローダーの運転者Aが始業点検中，エンジン部より油漏れがあるので，ショベルローダーの下部に上半身を入れて，油漏れの箇所をさがしていたとき，同僚運転者Bがこれに気づかず乗車して前進させたため，後部車輪にひかれて被災した。

(4) **原因と対策**

　被災者Aが始業点検中の車両を，Bが周囲の状況（ショベルローダーの下も含む）を確認せずに勝手に動かしたことが直接の原因である。

①　点検のためにフォークローダーの下部にもぐる時は，止木（歯止め）等を確実にかけ，できれば運転席に点検中であることを表示する札を下げる等して他の労働者にわかるようにすること。

②　始業点検は，担当者を定めて行い，担当者以外は点検中のフォークローダーに勝手に触らないよう関係者に周知すること。

③　運転者全員に対して，始業点検の方法および点検中の心得について十分な教育をすること。

事例 5 ショベルローダーが逸走し，ひかれる

⑴ **事業場** 土木工事

⑵ **被　害** 死亡1名　負傷1名

⑶ **あらまし**

　この個人邸は急斜面に面して建てるため，屋敷のまわりに土砂崩壊防止の擁壁工事を行わなければならなかった。この擁壁工事は，新築工事を請け負った建設会社の一次下請業者が，幅7.5mにわたり行うものであった。

　当日の作業を打ち合わせた後，被災者AとBは，トラックにショベルローダーを積み込み，工事現場に搬送した。現場に到着し，Aは，ショベルローダーをトラックから降ろし，現場の角の交差点にショベルローダーを止めた。ショベルローダーを止めた場所が土砂を運んでくるトラックの邪魔になるため，Aは，ショベルローダーを，下り坂（約11度のこう配）の道路上に移動させた。そして，バケットを上げ，エンジンをかけたまま，一応サイドブレーキを引いて，運転席から降りた。

　この後，突然，ショベルローダーが動き出し，これに気付いたAは，停止させようと走ってショベルローダー下方に行き，押さえようとしたが押さえ切れず，次に運転席に乗ろうとしたが乗り切れず，そのままショベルローダーに引きずられた。Bも気付き，運転席に乗ろうとしたが乗り切れず引きずられた。そのうちAは，ショベルローダーから振り落とされてひかれ，Bはしがみついたままで，ショベルローダーとともに隣家の門柱に激突し，Aは死亡し，Bは負傷した。

⑷ **原因と対策**

　原因は被災者Aが，バケットをあげて，エンジンをかけたまま，駐車ブレーキ（サイドブレーキ）をかけて急斜面に停止させ，ブレーキ等の制動性能が十分に出ていなかったため，逸走した。また，トラック，ショベルローダーなどの作業計画が決められていなかった。

　対策としては，

① ショベルローダーを止めて運転者が運転位置から離れる場合には，バケットを地表面まで下げ，エンジンを停止し，駐車ブレーキ（サイドブレーキ）をかけること。また，必要に応じて輪止めをすること。その他，ショベルローダーなどの車両は，できるだけ急斜面に駐車させないこと。

225

② 定期自主検査および作業開始前点検を励行し，異常がある場合には直ちに補修を行うこと。
③ 作業開始前に，トラック，ショベルローダーなどの使用する機械の運行経路や停止位置，作業方法について計画を定め，関係作業者に周知しておくこと。

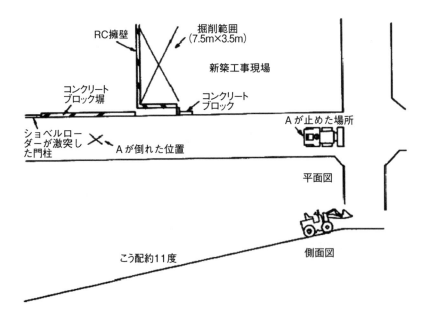

災害発生状況図

事例6

事例6 フォークローダーで投げ出された原木に激突される

(1) **事業場** 港湾運送業

(2) **被害** 死亡1名

(3) **あらまし**

　この事業者は，主に港湾荷役運送業を事業としている。

　当日の作業内容は，船から仮置き場に陸揚げされた約2,000㎥の原木をフォーク
ローダーを用いて山積みするもので，前日までに5山ほど山積みしていた。

　作業は，作業指揮者，運転者，補助作業員の3名で実施されており，まず，運転
者がフォークローダーで原木5本を山の南側手前まで運搬し，そこで作業指揮者と
補助作業員がフォークの上の原木を束ねて，運転者がフォークローダーで原木を山
の南側に積んだ。

　続いて，運転者は山の中央付近にできている溝を平坦にするために原木で埋めよ
うとして，フォークローダーで原木2本を山の南側手前まで運搬してきた。

　この時，作業指揮者と補助作業員はそれぞれ山の東側と西側にいた。

　フォークの先端から目的の溝まで約2.5m離れているため，運転者はフォークの
原木を投げ出して溝に入れることにした。

　原木を投げ出す方法は，フォークの先端を下げてフォーク上の原木をフォークの
先端付近まで転がしてからフォークの先端を上げ，その反動で原木を前方に投げ出
すものである。

　上記の方法で，運転者が溝に向けて原木を投げ出したところ，原木は溝に入らず
に山の反対側（北側）に転げ落ち，山の北東付近にいた作業指揮者に激突した。激
突された作業指揮者は，脳挫傷により死亡した。

(4) **原因と対策**

　この災害の主な原因は，フォークローダーを用いて，山の中央付近の溝を埋める
ために原木を投げ出したこと，原木に激突される恐れがある危険箇所に作業指揮者
が入っていたこと，運転者が危険箇所に作業者等がいないことを確認しなかったこ
と等があげられる。

　対策としては，

　① 　フォークローダー等の作業をする時，フォークの作業範囲，荷崩れが起きそ

227

うな場所等，危険箇所には関係作業者等を立ち入らせないこと。

② フォークローダーでの作業は，荷崩れによる危険を防止するため，山積みされた原木の，前後左右，反対側に作業者がいないか等の安全確認を十分行うこと。

③ フォークローダーの走行や荷役に関する取扱いの方法について，関係作業者に安全教育や作業指導を十分行うこと。

④ フォークローダーを使って原木の山積み作業などを行う時は，作業計画，作業手順を定め関係作業者に周知し，それにより安全作業を行うこと。

事例7　丸鋼積込み作業中，運転席とアームの間にはさまれる

(1) **事業場**　陸上貨物運送業

(2) **被　害**　死亡1名

(3) **あらまし**

　当日被災者Aは，同僚運転者Bと2人で，工場内の資材置場で鋼材（丸鋼，径22mm，長さ5m～7m）をフォークローダー（5.9t）でトラックに積み込む作業を行っていた。

　Aは，フォークローダーを運転して，最初丸鋼（長さ5mのもの）20本をフォークですくいとり，次に15m離れた場所で長さ7mの丸鋼をさらにすくいとった。

　丸鋼を積み込むトラックまで約40mあり，道路は凹凸していたため，丸鋼の散乱を防ぐため，2人（A，B）で丸鋼を針金で縛ることにした。

　Aは，フォークローダーのアームを約2m上げたままで運転席を離れ，針金を探してきてBと共同して丸鋼を縛り，再び運転席へ戻るため右側ドアより半分ほど乗り込んだところ，急にアームが下がり，運転席とアームの間に胸部をはさまれ死亡した。

第6編　災害事例

⑷　**原因と対策**

　この災害の原因は，アームを上げたまま運転席を離れたこと，Aが運転席へ戻るとき，各種レバーのある右側から入り，身体の一部がレバーに触れアームが降下したことにある。また丸鋼をフォークローダーで運搬する時は散乱しないよう，単位ごとに前もって針金などで縛っておかなかったことも原因である。

　対策としては，

①　運転者が，フォークローダーから離れる時は，フォークを床面におろし，エンジンを止め，停止のための駐車ブレーキを確実にかけること。

②　運転者が運転席から出入りするときは，各種レバーのない側から行うこと。

③　丸鋼等をフォークローダーで運搬するときには，ワイヤーロープ等で縛る等して，散乱・落下を防止すること。

④　ショベルローダー等の走行や荷役に関する取扱いの方法等について，関係作業者に安全教育を行うこと。

⑤　鋼材の積みおろしについての作業手順を作成し，それによって作業を行わせること。

⑥　フォークローダーを用いて，トラックに荷の積みおろしを行う時，特に積荷１個が100kg以上の時は，作業計画をたて，積みおろし作業指揮者を定めその者の指揮のもとに作業を行わせること。

事例8 機体と建込み済みの矢板との間にはさまれる

(1) **事業場** 建設業
(2) **被　害** 死亡1名
(3) **あらまし**

　当日被災者は，作業指揮者として，配下作業員3名とともに深さ12.5m付近の土止め横矢板（厚さ6cm，長さ1.5m）の建込み作業に従事していたが，矢板が容易に入らないので，作業員のうちの1名にショベルローダーのバケットで押し込むよう指示し，他の作業員を退避させ，自分は矢板を保持していた。

　ショベルローダーのバケットで矢板を押したところバケットの爪がすべったため，機体が斜めに前進し，被災者は建込み済みの矢板と機体との間にはさまれ内臓破裂により死亡した。

第6編　災害事例

⑷　**原因と対策**

　この災害の原因は，ショベルローダーを使って矢板を押しこむ作業，すなわち使用目的以外に利用したこと，他の作業者が危険場所に立ち入って作業をしていたこと等，作業指揮者の指示・判断が適切でなかったことがあげられる。

　対策としては，

① 　ショベルローダーは，本来の用途以外に使用しないこと。

② 　危険な箇所には，他の作業者を立ち入らせないこと。

③ 　土留め支保工の組み立て作業を行うときは，作業主任者を選任しその者の直接の指揮のもと行わせること（ただし作業指揮者が選任されている時は兼任しても差し支えない）。

④ 　ショベルローダーを用いて作業を行うときは，作業計画を定めそれに基づき作業を進めること，また作業指揮者を定め，その者の指揮で作業を行うこと。

⑤ 　作業指揮者，運転者などに対して，ショベルローダー等の走行や荷役についての安全教育，作業指導を十分行うこと。

| 事例 9

事例 9　ショベルローダーのアームで頭部をはさまれる

(1) **事業場**　鉄屑等処理業

(2) **被　害**　死亡1名

(3) **あらまし**

　A社は，鉄屑，非鉄屑，古紙，容器などの回収および加工処理販売を事業としていた。

　A社の労働者甲（被災者）と乙は，2人で工場内の鋼材処理場にて鉄の廃品を製鉄用原料とするための作業を行っていた。

　甲は，初めに，フォークローダーを運転し，加工用の鋼材（廃品）を工場内の廃品加工用のシャーの所へ運搬することとし，乙は，運ばれてきた鋼材を裁断するため，シャーの操作を担当した。甲は裁断された鋼材をショベルローダーのバケットに入れて約15mほど離れた製品置場へ運搬する作業を行っていた。

　ここからは，目撃者がいないため推定であるが，午後の休憩の後，甲は作業を再開し，スクラップをショベルローダーで運搬しバケットからおろそうとした。その時，右前内駆動輪のタイヤの運転席側に鉄片（4cm×9cm）が突き刺さっているのを発見した。

　甲は，運転席から鉄片を取り除こうと身体を運転席の外側にのり出した時，座席の右側にあるリフトアーム昇降操作レバーに，身体の一部が触れ，リフトアームと運転席脚部覆版との間（間隔約13cm）にはさまれ被災したと推定される。

(4) **原因と対策**

　この災害の原因は，ショベルローダーを無資格者に運転させたことが第一の原因である。また，ショベルローダーのリフトアームの不意の昇降による危険を防止するために囲いなどの設備が備えられていなかったこと。リフトアーム昇降操作レバーには，中立を保持するための手動ロック装置が取り付けられているものの，損傷していて機能しない状態にあったこと等，定期自主検査や日常の点検が不十分であったために，欠陥や故障箇所が改善・整備されていなかったことにある。

　また，荷役作業を行うにあたって，作業指揮者を選任していなかったため，安全な作業方法が実施されていなかったこと等もあげられる。

233

対策としては，
① ショベルローダーの運転は，必ず有資格者に行わせること。
② タイヤへの異物のかみ込み等を除去する時は，ショベルローダーを完全に停止させ，エンジンを止め，駐車ブレーキを確実にかけ，バケット等の荷役装置を地面に降ろす等して逸走の防止をはかること。
③ ショベルローダーのリフトアーム昇降による危険を防止するため，運転席に囲いなどの設備を設けること。
④ 定期的な自主検査や作業開始前の点検を綿密に実施し，安全装置，作業装置等の機能が完全に機能するように努めること。
⑤ ショベルローダー等の走行や荷役に関する取扱いの方法について，安全教育や作業指導を十分行うこと。

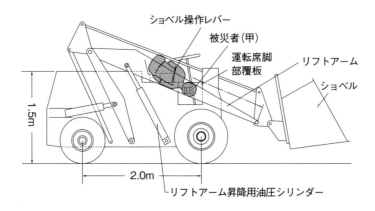

災害発生状況図（側面図）

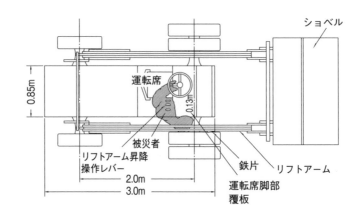

災害発生状況図（平面図）

事例10 ショベルで吊り上げていたコンクリートブロックが落下し被災する

(1) **事業場** コンクリート製品製造業

(2) **被 害** 死亡1名

(3) **あらまし**

　コンクリート工場内において，コンクリート製ブロック（幅1.6m，長さ2.5m，厚さ55cm，重量1,995kg）をショベルローダー（最大積載荷重2.3ｔ）を用いて吊り上げ，当該ブロックの下でブロックの補修作業を3人の作業員で行っていたところ，ブロックが落下し，被災した。

　吊り上げは，フック付玉掛用ワイヤーロープ（直径1.4cm，長さ156cm）を使用し，一端をブロックの吊り金具に接続し，他端をショベルローダーのバケット中央部にフックをかけて吊り上げる方法である。バケットには，吊り上げ専用のフックなどは取り付けられておらず，バケットエッジ中央部に直接フックをかけて吊り上げていた。

　運転者は，ショベルローダーの運転について無資格であった。

(4) **原因と対策**

　この災害の原因は，ショベルローダーを無資格者に運転させたことが第一の原因である。また，ショベルローダーの本来の目的外である吊り上げ作業に使用したこと，吊り上げた状態でその荷の下部に入って作業したこと等が考えられる。

　対策としては，

① ショベルローダーは絶対無資格者には運転させないこと。

② ショベルローダーで荷を吊ったり，運搬したり，本来の目的以外には使用しないこと。

③ バケットなどで吊り上げた荷の下に入って，作業をしてはならないこと。

④ ショベルローダーを用いて作業を行うときは，作業指揮者を定め，作業計画にもとづき安全作業を行わせること。

⑤ ショベルローダーの走行や荷役に関する取扱いの方法について，安全教育や作業指導を十分行うこと。

第6編 災害事例

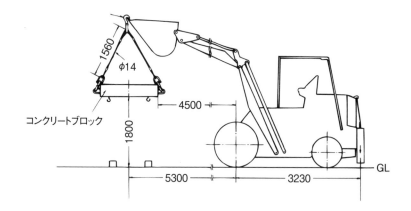

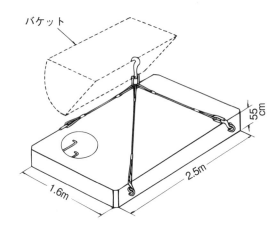

バケットでブロックを吊り上げている状況図

ショベルローダー等運転士テキスト
技能講習・特別教育用テキスト

平成30年1月19日　第1版第1刷発行
令和6年7月9日　　　第8刷発行

編　　者　中央労働災害防止協会
発行者　平　山　　剛
発行所　中央労働災害防止協会
〒 108-0023
東京都港区芝浦3丁目17番12号
吾妻ビル9階
電話　販売　03(3452)6401
　　　編集　03(3452)6209
印刷・製本　サングラフィック株式会社

落丁・乱丁本はお取替えいたします　　© JISHA 2018
ISBN 978-4-8059-1768-8 C3053
中災防ホームページ　https://www.jisha.or.jp/

本書の内容は著作権法によって保護されています。本書の全部または一部を複写(コピー)、複製、転載すること(電子媒体への加工を含む)を禁じます。